芳 香 月 季

姜洪涛 编著

U0234652

中国建筑工业出版社

图书在版编目（CIP）数据

芳香月季／姜洪涛编著，－－北京：中国建筑工业
出版社，2016.3
ISBN 978-7-112-19205-2

Ⅰ.①芳… Ⅱ.①姜… Ⅲ.①月季－观赏园艺 Ⅳ.

①S685.12

中国版本图书馆CIP数据核字（2016）第042003号

责任编辑：郑淮兵　王晓迪
书籍设计：美光制作
责任校对：陈晶晶　党　蕾

芳香月季

姜洪涛　编著

中国建筑工业出版社出版、发行（北京西郊百万庄）
各地新华书店、建筑书店经销
北京美光设计制版有限公司制版
北京顺诚彩色印刷有限公司印刷

＊

开本：880×1230毫米　1/32　印张：12 $\frac{7}{8}$　字数：333千字
2016年5月第一版 2016年5月第一次印刷
定价：78.00元
ISBN 978-7-112-19205-2
　　　（28219）

版权所有　翻印必究
如有印装质量问题，可寄本社退换
（邮政编码 100037）

序

本书作者姜洪涛先生曾任北京市园林局公园处处长，负责园林系统公园管理工作，于1995年中国花卉协会月季分会第四届理事会被选为副会长。他喜爱月季，学习研究月季，长期以来关注和支持月季事业，为中国与世界月季同行交流、协助兴建纪念中国月季夫人的恩钿月季公园和促成太仓恩钿月季公园与日本佐仓草笛之丘月季园缔结友好园、参加国际芳香月季竞赛等各种国际活动做了大量工作。这次他将"芳香月季"的概念介绍到国内，使我们能及时了解国外月季的发展动态。现在，他正在为北京2016年举办世界月季洲际大会设计第一个芳香月季园。

月季原产中国，但中国的月季育种成果还很少，与德国、法国等著名月季育种家族的差距几乎以数十倍乃至上百倍为单位计算，而且，中国至今尚未颁布《种苗法》，使中国月季育种者与世界同行在引种交流方面非常困难。就是在这样的背景条件下，姜洪涛先生仍然主动与世界主要月季生产公司和国际月季组织联络，相信诚意和坚持可以赢得对方的信任。他从2001年至今，持续为北京植物园及全国各地园林单位引进法国、英国、美国、日本、意大利、丹麦等各育种先进国家的月季500余种。

为落实中国在月季技术和文化活动中的国际参与，多年来，他一直坚持走访世界各地的月季园和育种企业，随时跟踪国际月季舞台的最新行业信息。近些年，芳香月季品种和月季的芳香产品与服务在世界各地都受到特别关注。为加深中国月季专业人士、月季建设单位和广大月季爱好者对芳香月季的认识，进而推动芳香月季产业在中国形成规模，让广大月季爱好者能够早日享有国际水准的芳香月季，姜洪涛先生编著了《芳香月季》一书。

顾名思义，本书以芳香月季为主题，芳香是作用于人的最为直接的感觉，即使对月季不了解，任何人都会被芳香所吸引。通过对芳香的感觉，认识丰富的月季种类和文化，是本书一个新的切入点，这对扩大月季爱好者群体和提高大众的亲和自然素养将起到积极的推动作用。

书中的大量照片均为姜洪涛先生亲自摄影。读者可以跟随作者的足迹，走近月季，体会作者的感受，闻到自然中的月季芳香。

在知识性方面，本书具有由浅入深的特点，从一般大众到行业专家都能有所受益。按照国际标准，植物园和公园等公共场合的月季必须每一棵都有名牌，并列出本地名称和学名。本书介绍的所有月季品种都同时注明了中文名称和学名名称，为规范我国的月季展示水平提供了有价值的参考资料。在涉及世界各国历史文化名人时也同时注明了中文和原文，为弘扬月季文化和激发读者的兴趣提供可能。

姜洪涛先生的夫人檀智佳子女士长居日本，早年对中日园林行业间的交流作出了很大贡献。她与姜洪涛先生一起研究芳香月季，对完成本著作发挥了重要作用。

此外，本书在结构上突出了中国月季在世界月季发展中的特殊主导地位，以激励国人传承月季国学的决心，这对中国月季产业的发展和充实月季爱好者的追求也将会起到积极作用。月季育种者的成长需要月季爱好者群体的扩大和支持，期待中国的月季育种者为月季爱好者提供丰富的芳香月季品种，并早日跻身世界月季育种舞台。

中国花卉协会月季分会会长

2014 年 11 月 5 日

前　言

　　特别从香味的角度感受月季，是从 2006 年 5 月参加在日本大阪举办的世界月季联合会第 14 届大会开始的。当时，我受中国月季协会张佐双会长之托，组织几位月季专家和 4 个城市的协会成员参加世界月季大会并考察日本各种类型的月季园，实现了中国月季同行与日本及世界月季同行的直接对话与交流，增进了相互了解，建立了直接的关系。

　　在 2006 年的世界月季大会上，我巧遇十几年前日本公园绿地协会的朋友山村尚志先生，他当时正作为日本国营越后丘陵公园园长在分发"国际香味月季新品种竞赛"的介绍。在了解这一信息后，通过协会我立即组织几家中国公司参赛，并将他们自育品种送达竞赛试验场种植。位于新潟的日本国营越后丘陵公园建有世界第一个芳香月季园，2007 年 6 月，我同中国月季协会几位成员参加了香味月季评比颁奖活动并考察了芳香月季园，结识了该园的设计者、新潟月季协会会长石川直树先生。此后，一直承蒙石川会长关照，并传授芳香月季园的设计与施工技术，我受益匪浅。

　　参加 2007 年新潟国际香味月季竞赛活动时，我还结识了日本香味专家、在资生堂香味研究所从业几十年的调香师中村祥二先生，月季香味研究所所长蓬田胜之先生，以及日本著名芳香月季育种者武内俊介先生、河合伸志先生等。同时注意到除日本外，参加这个竞赛的还有以培育芳香品种著称的法国、英国、德国、丹麦、芬兰、瑞士、罗马尼亚、新西兰等国家的育种者。竞赛获奖者培育的芳香月季除具有栽培观赏的功能之外，其芳香也会被研究单位开发，产生更大的市场价值。日本对月季的香型有比较系统的研究，我以此为脉络，把相应的信息介绍给大家。本书的一些思想来自于与他们交流的感受。

　　目前，我正在实践以芳香为主题的月季园设计，并对几年来对芳香月季的考察和对香草等芳香植物的积累进行了整理，选择100种浓香型月季作为本书的写作基础。本书以月季的芳香为主题，介绍月季不同的香型香味。月季的香，在应用上有着特殊的意义和市场商业价值，芳香作为一种文化现象已经开始走入人们的生活，相信它的影响会越来越大。

　　希望这本书能够更加壮大中国月季爱好者的队伍，并让人们在了解香味月季知识的基础上更好地享用月季赠予人类的香气礼物。

姜洪涛

中国花卉协会月季分会副会长

北京泛洋园艺有限公司董事长

北京蓝点环境设计有限公司董事长

目　录

第一章　芳香月季的历史

第一节　　月季的名称　　　　　　　　　　　02

一、月季和玫瑰　　　　　　　　　　　　　02

二、"月季"的广义与狭义　　　　　　　　03

三、月季和玫瑰都是蔷薇　　　　　　　　04

四、月季的学名　　　　　　　　　　　　04

第二节　　蔷薇的诞生　　　　　　　　　　07

第三节　　蔷薇与人　　　　　　　　　　　08

第四节　　最早的芳香玫瑰　　　　　　　　10

第五节　　"玫瑰"的记载　　　　　　　　12

第六节　　埃及女王与玫瑰　　　　　　　　14

第七节　　古罗马帝国时期的蔷薇　　　　　16

第八节　　玫瑰与伊斯兰教　　　　　　　　18

第九节　　十字军东征与玫瑰　　　　　　　20

第十节　　法兰西王国时期的蔷薇　　　　　22

第十一节　文艺复兴时期的蔷薇　　　　　　24

第十二节　英国玫瑰战争　　　　　　　　　25

第十三节　大航海与中国月季　　　　　　　27

第二章　芳香月季的原种

第一节　　中国月季原种　30

一、四季开花月季原种　32

　　——庚申月季（*Rosa chinensis*）　35

二、浓香月季原种　36

　　——大花香水月季（*Rosa gigantea*）　37

三、世界月季先祖的4种中国月季　36

　　——'紫花月月红'（*Rosa chinensis* 'Semperflorens'）39

　　——'宫粉'月季（*Rosa chinensis* 'Old Blush'）　42

　　——香水月季（*Rosa Odorata*）　45

　　——淡黄香水月季（*Rosa odorata* var. *ochroleuca*）　47

四、迷你月季原种　49

　　——迷你庚申月季（*Rosa chinensis* 'Minima'）　49

第二节　　欧洲和西亚的月季原种　52

一、加利卡玫瑰（*Rosa gallica*）　52

　　——药用玫瑰（*Rosa gallica* var. *officinalis*）　54

　　——'罗莎曼迪'（*Rosa gallica* 'Versicolor'）　55

二、腓尼基蔷薇（*Rosa phoenicia*）　56

三、大马士革玫瑰（*Rosa damascena*）　57

　　——大马士革玫瑰（*Rosa damascena*）　58

四、犬蔷薇（*Rosa canina*） 60

 ——犬蔷薇（*Rosa canina*） 61

五、阿尔巴玫瑰（*Rosa alba*） 62

 ——'玛克西玛'（*Rosa alba* 'Maxima'） 64

六、千叶玫瑰（*Rosa centifolia*） 66

 ——千叶玫瑰（*Rosa centifolia*） 67

七、苔藓玫瑰（Moss Rose） 68

 ——苔藓玫瑰（Moss Rose） 68

八、麝香蔷薇（*Rosa moschata*） 70

 ——麝香蔷薇（*Rosa moschata*） 71

九、异味蔷薇（*Rosa foetida*） 72

 ——异味蔷薇（*Rosa foetida*） 73

第三节　　日本月季原种 74

一、日本多花蔷薇（*Rosa multiflora*） 76

 ——粉团蔷薇（*Rosa multiflora* var. *cathayensis*） 77

 ——七姐妹（*Rosa multiflora* var. *adenochaeta*） 80

二、光叶蔷薇（*Rosa wichuraiana*） 82

 ——光叶蔷薇（*Rosa wichuraiana*） 83

第三章 芳香月季的繁育

第一节　月季繁育与遗传学　　　　　　　　　86

第二节　月季的外观　　　　　　　　　　　90

一、月季的花型　　　　　　　　　　　　90

二、月季的叶片　　　　　　　　　　　　93

三、月季的果实　　　　　　　　　　　　94

四、月季的花色　　　　　　　　　　　　95

五、月季的树形　　　　　　　　　　　　96

第三节　欧洲玫瑰女王遇见中国月季太后　103

第四节　波旁月季与波特兰玫瑰　　　　　105

第五节　拿破仑妻子对月季繁育的贡献　　107

　　　——'马尔迈松的纪念'

　　　　（'Souvenir de la malmaison'）　110

第六节　月季的分类　　　　　　　　　　112

一、月季品种的数量　　　　　　　　　112

二、月季分类法　　　　　　　　　　　116

三、月季家谱　　　　　　　　　　　　116

四、常见月季类别　　　　　　　　　　116

杂交茶香月季　　　　　　　　　　　　117

　　　——第1号现代月季'法兰西'（'la France'）　121

丰花月季　　　　　　　　　　　　　　　122

　　——浓香丰花月季‘阴谋’（‘Intrigue’）　123

攀援月季　　　　　　　　　　　　　　　124

　　——‘红衣主教黎塞留’

　　　（‘Cardinal de Richelieu’）　　124

迷你月季　　　　　　　　　　　　　　　126

　　——多花蔷薇‘米奥奈特’（‘Mignonette’）　128

第七节　　世界知名月季育种家　　　　130

一、法国梅昂（Meilland）　　　　　　　130

二、德国柯德斯（Kordes）　　　　　　　132

　　——‘和平’（‘Peace’）　　　　　133

三、德国坦陶（Tantau）　　　　　　　　135

　　——‘冰山’（‘Iceberg’）　　　　136

四、英国奥斯汀（David Austin）　　　　139

　　——‘歌德玫瑰’（‘Goethe Rose’）　140

　　——‘英格兰玫瑰’（‘England's Rose’）　142

五、美国J&P（Jackson & Perkins）　　　143

　　——‘爱’（‘Love’）　　　　　　145

六、日本铃木省三　　　　　　　　　　　146

　　——‘月季先生’（‘Mister Rose’）　151

第四章 芳香月季品种

第一节　　中国芳香月季 154

——真正的中国美'紫燕飞舞'（'Zi Yan Fei Wu'） 156

——古老浓香月季'月月粉'（'Yue Yue Fen'） 157

——一花之间从今到古'香粉莲'

（'Xiang Fen Lian'） 159

——浓香名花'粉妆楼'（'Fen Zhuang Lou'） 161

——攀援浓香名花'丽江之路'

（'Lijiang Road Climber'） 162

——景德镇月季'相思红'（'Dutch Fork China'） 165

——浓香中国月季'国色天香'

（'Guo Se Tian Xiang'） 166

——'贵妃醉酒'（'Tipsy Imperial Concubine'） 170

——'映日荷花'（'Ying Ri He Hua'） 171

——'单瓣粉'（'Single Pink'） 172

——木香（*Rosa banksiae*） 174

——悬钩子蔷薇（*Rosa rubus*） 176

——灌木月月红（*Rosa chinensis* Bush） 177

——'葡萄红'（'Pu Tao Hong'） 178

——十六夜蔷薇（*Rosa roxburghii*） 181

第二节　　荣誉殿堂芳香月季　　182

—— '伊丽莎白女王'（'Queen Elizabeth'）　　185

—— '香云'（'Fragrant Cloud'）　　186

—— '红双喜'（'Double Delight'）　　188

—— '爸爸梅昂'（'Papa Meilland'）　　190

—— '帕斯卡利'（'Pascali'）　　192

—— '杰乔伊'（'Just Joey'）　　195

—— '新曙光'（'New Dawn'）　　196

—— '英格丽·褒曼'（'Ingrid Bergman'）　　198

—— '博尼卡82'（'Bonica'82'）　　201

—— '彼埃尔·德·龙沙'（'Pierre de Ronsard'）　　202

—— '艾丽娜'（'Elina'）　　204

—— '格拉汉·托马斯'（'Graham Thomas'）　　207

—— '莎莉福尔摩斯'（'Sally Holmes'）　　208

—— '鸡尾酒'（'Cocktail'）　　210

第三节　　英国皇家月季协会芳香月季　　212

一、关于英国皇家月季协会（RNRS）　　212

二、RNRS 国际月季竞赛的评分机制　　213

三、詹姆斯·梅森奖（The James Mason Award）　　215

—— '詹姆斯·梅森'（'James Mason'）　　216

—— '玛格利特·梅瑞尔'（'Margaret Merril'）　　219

第四节 全美月季大选芳香月季 220

—— '林肯先生'（'Mister Lincoln'） 221

—— '蒂芙尼'（'Tiffany'） 223

—— '格拉纳达'（'Granada'） 224

—— '吉恩·伯尔纳'（'Gene Boerner'） 227

第五节 德国 ADR 芳香月季 228

—— '太阳仙子'（'Friesia'） 231

—— '阿斯匹林玫瑰'（'Aspirin Rose'） 233

—— '安吉拉'（'Angela'） 234

—— '宇宙'（'Kosmos'） 236

第六节 德国巴登—巴登芳香月季 238

—— '费雷德里克·米斯塔尔'

（'Frédéric Mistral'） 241

第七节 法国巴格代拉芳香月季 244

—— '她'（'Elle'） 245

—— '伊芙伯爵'（'Yves Piaget'） 248

—— '罗西'（'Tino Rossi'） 249

第八节 北爱尔兰贝尔法斯特芳香月季 250

—— '亚历克红'（'Alec's Red'） 251

—— '贝弗莉'（'Beverly'） 252

第九节 日本新潟国际芳香月季新品种竞赛 254

第十节　　其他国际月季竞赛　　　　　　259

一、日内瓦国际月季竞赛　　　　　259

二、海牙国际月季竞赛　　　　　260

三、马德里国际月季竞赛　　　　　261

四、罗马国际月季竞赛　　　　　262

第五章　芳香月季的香型

第一节　　月季香型的分类　　　　　　264

一、月季香味的两大系统　　　　　264

二、芳香月季的香调　　　　　266

三、现代月季的 7 种香型　　　　　272

第二节　　大马士革古典香型芳香月季　　　　　273

——'芳纯'（'Hoh-Jun'）　　　　　275

——'香久山'（'Kaguyama'）　　　　　276

——'摩纳哥公主'（'Princesse do Monaco'）　　　　　277

——'塞西尔布伦纳'（'Cecille Brunner'）　　　　　278

——'庞巴度玫瑰'（'Rose Pompadour'）　　　　　280

——'新娘'（'La Mariee'）　　　　　283

——'梦中情人'（'Dream Lover'）　　　　　284

第三节　　大马士革现代香型芳香月季　　　　　286

—— '香雪'（'Neige Parfum'） 287

—— '黑王'（'Charles Mallerin'） 288

—— '幸运女人'（'Lady Luck'） 289

—— '薰乃'（'Kaoruno'） 291

第四节　　茶香型芳香月季 292

—— '希灵登夫人'（'Lady Hillingdon'） 294

—— '埃斯米拉达'（'Esmeralda'） 297

—— '大富豪'（'Grand Mogul'） 298

—— '游园会'（'Garden Party'） 299

—— '艾玛汉密尔顿夫人'
（'Lady emma Hamilton'） 301

—— '温德米尔'（'Windermere'） 302

—— '樱花'（'Mi Cerezo'） 303

—— '北方香水'（'North Fragrance'） 304

—— '夏洛滕堡'（'Charlottenburg'） 305

—— '布拉德福德'（'Bradfoad'） 307

—— '保罗·史密斯先生'（'Sir Paul Smith'） 308

第五节　　果香型芳香月季 310

—— '金桂飘香'（'Duftgold'） 311

—— '香山'（'Fragrant Hill'） 312

—— '白圣诞'（'White Christmas'） 313

—— '莫奈'（'Claude Monet'） 314

—— '桃心'（'Peche Bonbons'） 316

—— '莫利纳尔'（'La Rose De Molinard'） 318

—— '娜艾玛'（'Nahema'） 320

—— '梦香'（'Yumeka'） 321

第六节　　蓝香型芳香月季 322

—— '蓝月'（'Blue Moon'） 328

—— '夜来香'（'Yelaixiang'） 329

—— '夏尔·戴高乐'

（'Charles de Gaulle'） 330

—— '蓝色情动'（'Emotion Bleu'） 331

—— '贝拉多娜'（'Bella Donna'） 334

—— '梦幻之夜'（'Enchanted Evening'） 336

第七节　　辛香型芳香月季 338

—— '马可波罗'（'Marco Polo'） 339

—— '丹提贝丝'（'Dainty Bess'） 341

—— '蓝色狂想曲'（'Rhapsody in Blue'） 342

—— '博尼塔'（'Bonita'） 344

—— '卢森堡公主西比拉'

（'Princesse Sibilla de Luxembourg'） 345

—— '万众瞩目'（'Eyes for You'） 347

第八节　　没药香型代表品种　　　　　　　348
　　——'草莓山'（'Strawberry Hill'）　　349
　　——'琥珀'（'Kohaku'）　　　　　　352

第六章　芳香月季的应用

第一节　　月季的芳香科学　　　　　　　354
一、芳香与香料　　　　　　　　　　　354
二、月季芳香的科学分析　　　　　　　355
三、茶香物质　　　　　　　　　　　　358
　　——宇宙玫瑰'不眠芳香'
　　　（'Overnight Scentsation'）　　359
第二节　　芳香月季的用途　　　　　　　361
一、浓香"和月季"　　　　　　　　　362
　　——'加百列'（'Gabriel'）　　　　363
　　——'撒拉弗'（'Seraphim'）　　　365
二、切花芳香月季　　　　　　　　　　366
　　——茶香型'圣女贞德'（'Jeanne d'Arc'）　367
　　——辛香型'拿铁咖啡'（'Caffe Latte'）　370
　　——没药香型'白菲尔'（'Fair Bianca'）　373
三、月季的芳香内涵与描述　　　　　　374

四、克里斯汀·迪奥与芳香月季 　　　　　　　　　　　377
　　——'克里斯汀·迪奥'（'Christian Dior'）　　　380
第三节　　月季的芳香疗法 　　　　　　　　　　　　　382
一、古老月季的芳香魅力 　　　　　　　　　　　　　382
二、月季闻香的最佳状态 　　　　　　　　　　　　　383
三、月季芳香的生理和心理作用 　　　　　　　　　　383
四、月季的芳香疗法 　　　　　　　　　　　　　　　384
五、生活中的月季芳香 　　　　　　　　　　　　　　388

参考文献 　　　　　　　　　　　　　　　　　　　　391

第一章 芳香月季的历史

月季的发展伴随世界文明的进化。19世纪中叶以后，中国月季与欧洲玫瑰杂交，诞生了当今遍布世界各地的大多数月季品种。

第一节
月季的名称

一、月季和玫瑰

对现代中国人来说，"玫瑰"这一名称比月季更通俗、更浪漫，但情人节市面可见的玫瑰，其实就是走出中国改良后"海归"的月季。

月季，就是现在情人节赠送的玫瑰，英文叫"Rose"。那"玫瑰"又是什么呢？在学术上，中国把做香料的玫瑰花叫作"玫瑰"。也就是说，英文的"Rose"是月季，不是玫瑰，而中文叫作"玫瑰"的是指直径 1cm 的玫瑰花，是农作物，用于玫瑰酱、玫瑰酒的制酿和纯露、玫瑰精油的提炼。如北京妙峰山玫瑰、山东平阴玫瑰、甘肃苦水玫瑰等，都有规模性产业基地。近年来，还从国外引进了大马士革玫瑰，栽植于国内多个省份。

从学名看，玫瑰（*Rosa rugosa*）在中国还有"刺玫蔷薇"、"野刺玫"、"刺玫花"等别称，也有很多品种。妙峰山玫瑰、平阴玫瑰、苦水玫瑰等都是玫瑰品种，还有在日本叫作浜梨、浜茄子的北海道道花，也是玫瑰品种之一。有一点需要注意的是，大马士革玫瑰并不是玫瑰品种之一，看学名即可以区分清楚玫瑰（*Rosa rugosa*）和大马士革玫瑰（*Rosa Damascena*）。

那么，月季与玫瑰的根本不同又在何处呢？月季四季开花，月月是花季，所以叫"月季"，而玫瑰则一年只开花一次。妙峰山玫瑰、平阴玫瑰、苦水玫瑰等一年只开花一季，大马士革玫瑰也是每年只开花一次。

有人疑问，为什么说"月季原产中国"，而欧洲又早有大马士革玫瑰呢？了解月季与玫瑰的根本区别，此疑问就迎刃而解了。四季开花的月季确实原产中国，而一季开花的玫瑰则原产西亚、欧洲。月季传入欧洲以后用于和玫瑰品种的杂交，成就了当今几万、十几万月季品种。

二、"月季"的广义与狭义

现在，"月季"有广义和狭义之分，广义指 Rosa，狭义指"中国月季"（China Rose）。

日本月季文化研究所野村和子女士监修的《古老月季图鉴》中"月季由来之路"一节中提到了"月季"的广义含义，Rosa 是学名，不同国家和地区又有各自的称谓，日本叫"バラ"（写作汉字"蔷薇"），中国叫"月季"，法国叫"rosier"，英美等国叫"rose"。

与国际月季同仁交流时，日本人会主动使用"月季"一词，此时，他们表述的是"月季"的狭义含义，意指四季开花的中国月季。包括维基百科在内的英美专著、刊物对庚申月季（*Rosa chinensis*）的注解也都是中文名称为"月季"，拼音写作"yueji"。在国际上，说"月季"，一般指四季开花的中国月季，"yueji"是四季开花中国月季的代名词。

三、月季和玫瑰都是蔷薇

无论月季还是玫瑰，都属于蔷薇，蔷薇是蔷薇科（Rosaceae）蔷薇属（Rosa）植物的总称。然而，"蔷薇"也是一个容易混淆的概念，它既是 Rosa 的总称，有时也特指其中的园艺品种。

我们来看一下园艺品种和野生种，以及野生种和原种的区别。

园艺品种指的是为农业和园艺应用而人工培育的品种，也就是说，园艺品种不是野生种，野生种是未经人工培育的自生种。野生种也好，自生种也好，都不称为"品种"。原种是用于杂交园艺品种的野生种，是园艺品种的祖先。

蔷薇科的植物有很多，在植物分类上，蔷薇科有 4 个亚科，之下分为若干属，大概 124 个属 3 000 余种，比如一般熟悉的苹果、梨、杏，观赏植物樱花（*Cerasus serrulata*）、西府海棠（*Malus micromalus*）、石楠（*Photinia serrulata*），常种在庭院、高 1m～2m 的鸡麻（*Rhodotypos scandens*）、浆果之一的桤叶唐棣（*Amelanchier alnifolia*）等，都是蔷薇科植物，但这些都不是蔷薇属植物。

四、月季的学名

依照生物学的生物种类命名规则，每个物种的学名由属名和种名两部分组成，用拉丁文表示。玫瑰的学名是 *Rosa rugosa*，由属名和种名组成，*Rosa* 是属名，*rugosa* 是种名。月季和玫瑰都是蔷薇科蔷薇属的植物，其属名是 *Rosa*，可缩写为 R.。在属名和种名之后才是表示园艺种的部分，比如平阴玫瑰，其学名是 *Rosa rugosa*，表示"平阴"

品种则写作 *Rosa rugosa* 'Pingin'。

　　根据《国际栽培植物命名法》（ICNCP）的规范，园艺品种名在学名后以单引号括起表示，不写作斜体。旧规范是在学名后写 cv.，然后接着写品种名，该表示法已于 1995 年出台新规范时废止。原有二名法学名后可看到有变种（var.）、园艺品种（cv.）和品种（f.），品种（form，缩写为 f.）指的是，在自然或野生状态下，形态有所区别。关于变种和园艺品种，因为 cv. 用单引号（' '）表示了，var. 也就变得暧昧，所以，现在大多变种和园艺品种都用单引号表示。

　　本书学名遵循二名法，品种名用单引号表示。

山东平阴玫瑰（*Rosa rugosa*）

浜梨（*Rosa rugosa*）北海道六花亭周边的六花森林公园
摄于 2013 年夏

第二节
蔷薇的诞生

蔷薇的起源可追溯到 5000 万年前，那时，作为早期的高等植物，野生蔷薇已经出现在地球上。在美国的科罗拉多州和俄勒冈州，从中生代白垩纪到新生代第三纪始新世的地层中发现了蔷薇化石，时间在 7000 万年到 3500 万年前。通过化石研究推测，或许猿人曾奔跑在遍地绽放着蔷薇的山野间。

白垩纪是地质年代中生代的最后一个纪，届时，恐龙君临地球，所以说，蔷薇诞生于恐龙时代。

关于蔷薇化石，后来日本在兵库县明石遗迹中发现了赤纹山椒蔷薇（*Rosa akashiensis*），时间在 100 万年到 400 万年前。

历经漫长岁月，蔷薇以其强韧的生命力存活至今。野生蔷薇有 200 多种，只存在于北半球，遍布寒带到亚热带地区。

那么，当今所有月季的起源是什么呢？有一种说法认为，最早的蔷薇是在世界屋脊的喜马拉雅山和现在的蒙古哈拉和林，海拔 2000m ～ 4000m，这些地区当时属于温暖地带，从那里传向东西，进而遍布中国、印度、波斯等。在喜马拉雅山麓发现的长尖叶蔷薇（*Rosa sinowilsonii*）可能是月季的起源。

第三节
蔷薇与人

蔷薇与人类发生关系是在公元前 5000 年左右的美索不达米亚文明时期，此时，蔷薇得到了人类的栽培和应用，何以见得呢？

在拥有世界最古老农耕文化的埃及，考古学家在法尤姆坟迹的木乃伊中发现了蔷薇花束的遗物。该坟迹是 7000 年前的，可以推断，这个时期已经有了蔷薇。那又为什么是栽培的蔷薇呢？因为埃及没有自生蔷薇，蔷薇在埃及得到应用，只能是栽培的蔷薇。埃及没有自生蔷薇，而蔷薇又是如何来到埃及的，这个问题，至今仍是一个谜。

我们再来看看蔷薇在埃及是如何得到应用的。古埃及新王国时期，第十八王朝法老图坦卡蒙（公元前 1334 ～前 1324 年在位）仅 18 岁就离世，王妃在悲痛之下为遗体奉献花束，希望来世能够在一起，其花束应该是玫瑰。

蔷薇的应用必然要依靠蔷薇的栽培，公元前 3000 年～前 2000 年，巴比伦尼亚宫殿栽培了无花果和葡萄，用于制作香料和药物，证明当时已有栽培技术，所以，巴比伦尼亚也成为玫瑰盛产地。该地区的邻国波斯和土耳其都是加利卡玫瑰的野生地，不仅有花卉栽培，还有香料加工。

世界最古老的文学作品是巴比伦叙事诗《吉尔加美什史诗》，

以公元前 20 世纪年中叶巴比伦尼亚统一美索不达米亚地区为背景，描写苏美尔英雄，集合了以吉尔加美什为主人公的许多传说。其中，对玫瑰也有所描述。

在后来发现的若干块刻有苏美尔人发明的楔形文字的黏土板中，有一块打着 K2252 的数字，左上第五行记载着"玫瑰是永远的生命"。

"美索不达米亚"是古希腊对两河流域的称谓，意为"两条河流之间的地方"，这两条河指的是幼发拉底河和底格里斯河，位于现今的伊拉克境内。美索不达米亚文明由苏美尔人创建，居住在其北部山地的阿卡德人创建了人类历史上第一个统一国家（公元前 2334 年～前 2193 年），一直延续到后来的巴比伦尼亚王国。

在巴黎的卢浮宫，收藏着一个高 13.1cm、宽 4.4cm 的"闻香女神"像，石膏制成。它是从公元前 1800 年前的西非马里遗迹中出土的塑像，有可能是诱惑吉尔加美什的感官女神伊丝塔，被称作"闻花（玫瑰）伊丝塔"。

虽然现在看起来只是一块很小的石膏板，但推测它可能是镶嵌板的一部分，原本是贴有银饰的豪华艺术品，微小的银片还残留在女神像的冠部、右肩、右手和脚部。

嗅闻花香的女神佩戴水牛角冠，标志神中最高地位。头发卷结，其中一团垂到肩上，装束是特意编成的纽带，配合女神的动作形成了平稳的流线形。脖子上有一连串首饰，所有装饰都在讲述她高贵的故事。她右手持花，左手捧闻花香，因此被命名为"闻香女神"。那枝花即是玫瑰，因为只有玫瑰的花瓣才有那样的形态，且有香味的花卉应该是玫瑰。

闻香女神手中的应该是加利卡玫瑰或大马士革玫瑰。加利卡玫瑰和大马士革玫瑰的香味基本相同，加利卡玫瑰是古蔷薇的"父母"，大马士革玫瑰是它的"孩子"。也就是说，在美索不达米亚文明时代，芳香蔷薇就已经存在。

　　人类从 4000 年前开始就已经把玫瑰的香味用于祭祀生活，无论东方还是西方，宗教仪式中都少不了庄严的环境、素雅的衣装、奥妙的音乐和崇高的香气。而且，在大多数原始宗教中，都存在能与神灵沟通的女性，闻香女神也应该是因为神交而陶醉于玫瑰香气之中。所以，"玫瑰闻香"已成为具有宗教祭祀意义的姿势。

到了公元前 2600 年～前 1400 年的希腊文明时期，加利卡玫瑰从小亚细亚（土耳其）经地中海，渡过意为"玫瑰"的罗得岛（Rodos），传入希腊。当时，至上的奢华就是吃在玫瑰之中，饮在玫瑰之中，生活在玫瑰之中。

公元前 1600 年～前 1450 年，在希腊克里特岛上，有一个叫作克诺索斯宫殿的米诺斯文明遗迹，遗迹中的彩绘青鸟湿壁画上有玫瑰，那是现今最古老的玫瑰壁画。克诺索斯宫殿位于克里特岛北部，爱琴海西南，所以，玫瑰总是与爱琴海相提并论。

公元前 800 年前后，古希腊诗人荷马（约公元前 9 世纪～前 8 世纪）创作了"荷马史诗"——《伊利亚特》和《奥德赛》，其中出现了"玫瑰"的名字。他反复赞美玫瑰，乃至影响到古希腊著名女抒情诗人萨福（Sappho，约公元前 630 年或者公元前 612 年～约公元前 592 年或者公元前 560 年）和以饮酒诗和哀歌闻名的希腊诗人阿那克里翁（公元前 520 年～前 485 年）都有讴歌玫瑰的作品。古代奥林匹克竞技的头饰上除了橄榄枝，还有玫瑰。

伴随希腊文明的发展，玫瑰得以栽培。公元前 400 年，大马士革玫瑰（*Rosa damascena*）和千叶玫瑰（*Rosa centifolia*）出现在古希腊历史学家和旅行家希罗多德（约公元前484年～前425年）的大作《历史》之中，根据其描述，千叶玫瑰和释放强烈大马士革香的大马士革玫瑰似乎是自生在庭院中。

以后，植物学家泰奥弗拉斯托斯（约公元前372年～前286年）的《植物志》详细记载了玫瑰的生态和栽培方法，证明当时的栽培技术已经达到一定水平。

古希腊文明衰落以后，公元前332年，在前一年伊苏斯战役中取得胜利的马其顿王国国王亚历山大大帝（亚历山大三世、公元前356年～前323年）继续远征波斯，占领大马士革，进入了叙利亚统治下的埃及。亚历山大东征打开了东西文化的交流通道，玫瑰也连同各种植物从希腊进入埃及。

亚历山大大帝死后，公元前304年，马其顿人部下的托勒密称王，开创了托勒密王朝。在埃及文明时期，以埃及为中心，玫瑰在托勒密王朝（公元前306年～公元前30年）呈现了发展的局面，纺织品和壁画中都有关于玫瑰的描绘。该时期的古墓中也发现有玫瑰花朵，使用魔法的木乃伊有许多玫瑰陪葬。其玫瑰的种名是神圣蔷薇（*Rosa sancta*），据推测是亚历山大大帝统治埃及时带入埃及的。

公元前48年，罗马时代形成，当时的埃及是在克娄巴特拉七世（公元前70年或公元前69年～前30年）的统治之下。她酷爱玫瑰，举世闻名。她在漂浮着玫瑰花的水中洗浴，将浓香大马士革花瓣萃取的精油涂抹在肌肤上享受其芳香，有时还在王冠上装饰玫瑰花。为迎接罗马贵宾恺撒和安东尼，她为他们的寝室铺填了厚到膝盖高的玫瑰花瓣。

很难想象，如此多的玫瑰花瓣采自野生玫瑰。所以可以确定，此时，埃及已在人工栽培玫瑰，其品种应该是加利卡玫瑰、大马士革玫瑰和千叶玫瑰。

第七节
古罗马帝国时期的蔷薇

罗马时代（公元前 750 年～前 27 年）开启之后，人们热爱玫瑰，把"玫瑰中的生活"当作奢侈，宫殿庭院也大规模栽培玫瑰。罗马帝国开国君主奥古斯都（公元前 63 年～前 14 年）时期，玫瑰已开始装饰日常生活，建设自己的玫瑰园已形成习俗。于是，加利卡玫瑰和大马士革玫瑰都得到推广和普及。

罗马帝国第五代皇帝尼禄（公元 37 ～ 68 年）以"玫瑰疯子"著称，宫殿里的晚宴几乎被玫瑰花的装饰所淹没，从天花板降下玫瑰花瓣，如暴风雨般袭来，银管里喷射出玫瑰香水，打落在餐桌上，让宾客窒息。可想而知，用于玫瑰花的开支会是多么地庞大。据说，尼禄皇妃 Poppaea Sabin 的葬礼所用的玫瑰超过了阿拉伯供应商的全年生产量，香气弥漫方圆 4 平方公里。

月月开花叫月季，玫瑰是一季开花，加利卡玫瑰、大马士革玫瑰和千叶玫瑰都只是一季开花，没有玫瑰的季节，则去温暖的意大利和非洲获取，以享受玫瑰鲜花和香气。

罗马帝国时期，玫瑰水和玫瑰精油大为流行。商家们从西亚和埃及收集玫瑰，市场上玫瑰香料店鳞次栉比，一般百姓也纷纷求购，非常热闹。

古罗马学者老普林尼（Gaius Plinius Secundus，公元 23～79 年）在他的《博物志》中提到，当时栽培的玫瑰有 12 种，包括加利卡玫瑰、大马士革玫瑰、阿尔巴玫瑰（*Rosa alba*）和千叶玫瑰等。

公元 79 年，维苏威火山爆发，从火山灰覆盖的庞贝遗址壁画中也可以了解到，玫瑰在当时是花中之花。

罗马郊外古罗马初代皇帝奥古斯都妻子莉薇娅（公元前 58 年～公元 29 年）的别墅墙壁上画有庭院图（公元 41 年～54 年），图中描绘了开花的重瓣加利卡玫瑰。

第八节
玫瑰与伊斯兰教

罗马帝国分裂之后进入伊斯兰帝国时期（632～1258年），伊斯兰教徒传承了玫瑰，他们说，玫瑰是从穆罕默德的汗水中诞生的。

伊斯兰帝国（撒拉森帝国）建于7世纪，周边的波斯、叙利亚、印度等都是蔷薇原种的野生地区，也一直非常重视玫瑰的栽培。622年伊斯兰教国家创立，之后领土迅速扩大，其势力延伸到三大陆，从中亚向北非、南欧发展，于是，玫瑰也随之传入各地。而且，玫瑰还被带到新统治地区的西班牙进行栽培和品种改良，从而诞生了黄色玫瑰和花瓣表面橙色而背面浓黄的双色玫瑰品种，该品种传入奥地利，成为今天所说黄月季先祖的黄花异味蔷薇（*Rosa foetida* 'Austrian Yellow'）和双色异味蔷薇（*Rosa foetida* 'bicolor'）。

在伊斯兰的世界中，玫瑰是神圣的象征，用于精神净化等宗教仪式活动，也用于制作菜肴和药物。玫瑰种在庭院里，有表现天国乐园的意义。玫瑰是神花，所以，庭院里一定要栽植玫瑰。

相对伊斯兰教，玫瑰在基督教诞生得更早，早于伊斯兰教600年，但基督教中的玫瑰地位则是完全不同的。基督教有禁欲的道德观念，认为玫瑰的美丽和强烈的芳香会诱惑人心走向罪恶。基督教诞生初期，还曾一度把玫瑰视为异教徒的花。

进入中世纪（约476～1453年）以后，只有供神的玫瑰才在教会和修道院栽培，基督教禁止一般人栽植玫瑰，红玫瑰象征基督血，白玫瑰象征圣母玛利亚。

　　基督教禁止一般人栽植玫瑰，所以，在伊斯兰帝国传承玫瑰之后，是十字军东征（1096～1270 年）对玫瑰推广到欧洲起到了重大的作用。他们远征到巴勒斯坦和小亚细亚，将那里的各种玫瑰品种带回自己的国家。

　　在罗马帝国，君士坦丁大帝（274～337 年）接受基督教，所以他憎恶当时伊斯兰教推行并流行的入浴后使用玫瑰水的习惯。直到17 世纪，这一入浴习惯一直被中断着。

　　旷日持久的十字军东征使伊斯兰文化对西方基督教世界产生了深远的社会、经济和政治影响，远征的士兵们成为玫瑰香水的俘虏，甚至接受了当地的入浴习惯，并争相把玫瑰带回欧洲各地，作为香料去栽培。

　　玫瑰原产西亚，十字军把玫瑰带到欧洲，又各自把玫瑰带回自己的国家，进而，玫瑰遍布欧洲各地。

十字军

　　11 世纪至 13 世纪期间，西欧封建领主和骑士认为地中海东岸都是异教徒的国家，于是，基督教徒就在取得罗马天主教皇的许可之后，发起了一系列先后持续近200年的宗教战争，士兵都佩有十字标识，故称十字军。伊斯兰世界称其为法兰克人入侵。

十字军的最初目的是收复穆斯林异教徒统治的耶路撒冷圣地，可是，当塞尔柱土耳其的穆斯林在安纳托利亚战胜基督教的拜占庭帝国时，十字军的战役就为响应拜占庭的求助而拉开了。

西欧基督教徒曾先后8次派遣十字军，主要是罗马天主教势力占领穆斯林统治的西亚地区，并建立了一些基督教国家，但结果还是失败了。

第十节
法兰西王国时期的蔷薇

法兰西王国（843～1792年，1814～1848年间复辟）是曾经存在于现法兰西共和国之内的前身王国，其间，玫瑰水开始为一般人所使用。在路易王朝时代，玫瑰的使用达到了登峰造极的地步。

路易十四（1638～1715年）有"最香的帝王"之称，是月季和香水历史上的重要人物。他总是请调香师到自己的私人房间，还每天在凡尔赛宫泼洒玫瑰水。

路易十五的宫廷被称作"香水宫廷"，受宠的庞巴度夫人（Madame de Pompadour, 1721～1764年）像对待画家和作曲家一样优待调香师。有一年的香料费用支出竟然达到50万法国里佛[1]，也就是相当于现在的5亿人民币。她还下令在绘画和陶瓷器上使用玫瑰。

路易十六的王妃玛丽·安托瓦内特（Marie Antoinette, 1755～1793年）每天沉浸在玫瑰花和香水的世界，她热爱蔷薇和紫花地丁（Viola philippica）的香味，把它们确定为自己的香味。她还将享有艺术品地位的香水瓶制造厂设在圣克洛德（Saint-Claude），一个以巡礼者为制造和买卖主体的地方，现在钻石研磨业兴盛。

来自百姓的财富浪费在蔷薇上，不久，就发生了1789年的法国大革命。

---

1. 法国在1975年以前使用的货币拉丁文为libra，称为"卢布"，
其法文为livre，也称"里佛"。

凡尔赛宫

建造凡尔赛宫是路易十四集中政治权力的策略之一，他将贵族们变成宫廷成员，解除他们作为地方长官的权力，借此削弱了贵族势力。

宫廷规矩迫使贵族们为衣装费用付出巨款，他们从早到晚都要待在宫殿里参加舞会、宴席和其他庆祝活动。据说，路易十四记忆力惊人，进入大厅后，他一眼就能看出谁在场、谁缺席，所以，每个希望得宠于国王的贵族都必然每天在场。路易十四让这些贵族们沉溺于博取国王的宠幸，没时间去管理地方事务，渐渐地，他们就丧失了统治地方的权力。

文艺复兴时期的蔷薇

如前所述，玫瑰一直是基督教的禁用品，路易王朝时期又为宫廷所用，到了文艺复兴时期（14～16世纪），玫瑰才再次回到一般人手中。借这一时期的东西文化交流之波澜，玫瑰得以遍布世界。

佛罗伦萨美第奇家族（13世纪～17世纪）的庭院里栽植了许多玫瑰。《春》和《维纳斯的诞生》是文艺复兴早期的佛罗伦萨画派作品，出自艺术家桑德罗·波提切利（Sandro Botticelli，1445－1510年）之手，精细地描绘了玫瑰品种的区别。《维纳斯的诞生》描绘了阿尔巴玫瑰，《春》描绘的是加利卡玫瑰和千叶玫瑰。还有，欧洲艺术家弗拉·安杰利科（约1400－1455年）在《圣母领报》中也描绘了千叶玫瑰。

《维纳斯的诞生》是一个描绘希腊神话故事的画作，陆地神看到骑着贝壳出现的维纳斯，惊讶居然有如此美丽的存在，就从天空降下了玫瑰花瓣。西风神和妻子花女神乘风而来，撒玫瑰花瓣庆祝维纳斯的诞生。所以，现在的月季园里也常能看到矗立的花女神像。

第十二节
英国玫瑰战争

　　英格兰在1337年至1453年间与法国发生百年战争之后，又在1455年至1485年间发生了诸侯内乱，称作"玫瑰战争"。为什么称作玫瑰战争，还有一个较为复杂的故事。

　　英王爱德华三世（1327～1377年在位）有两支后裔，兰开斯特家族和约克家族，各自的支持者为争夺英格兰王位不断发生内战。可是，这两大家族都是法国金雀花王朝的王室分支，金雀花王朝在法国又名安茹王朝（House of Anjou），王室家族源于法国安茹贵族，自12世纪一直统治英格兰。约克家族是爱德华三世的次子后裔，兰开斯特家族是爱德华三世的第三子后裔，玫瑰战争发生在两家族的继承人之间。

　　内战当初并未使用"玫瑰战争"的名称，而是到16世纪，莎士比亚在历史剧《亨利六世》中以两朵玫瑰为标识表现战争，以后，"玫瑰战争"便成为一般用语。

　　用玫瑰表现战争源于两家族所选家徽，兰开斯特家族是红玫瑰，约克家族是白玫瑰。

　　战争期间贵族力量大大削弱，最后，以兰开斯特家族的亨利七世与约克家族的伊丽莎白联姻结束了战争，法国金雀花王朝在英格兰的统治也就此告终。从此，新威尔士人的都铎王朝建立，标志英格兰走向新的文艺复兴时代。为纪念这场战争，英格兰以玫瑰为国花，并把皇室徽章改为红白玫瑰。

当时一个被称为"可敬的东印度公司"（the Honourable East India Company，缩写：HEIC）的英国公司，在 1600 年 12 月 31 日被英国女王伊丽莎白一世授予皇家专利和印度贸易特权。自此以后，东印度公司从一个商贸企业变成了印度的世纪主宰者，也对中国月季传入欧洲起到了关键作用。

第十三节
大航海与中国月季

　　大航海时期（1400～1600年），玫瑰已成为伴随基督教的文化形式，它的流通与基督教的传播渠道密不可分。

　　12世纪以后，肉食在西欧多有增加，保存和制作肉食菜肴需要胡椒等香辛料，但香辛料主要产在亚洲，于是，欧洲人就用同等重量的白银高价换取香辛料，使香辛料成为中世纪东西贸易的主要商品。可是，东西贸易途经伊斯兰势力支配的地中海东半部，欧洲人不能自由通行。于是，西班牙和葡萄牙等国家就以直接交易香辛料为目的，开始探索不经过地中海就能去往亚洲的航路，迎来了大航海时代。大航海开辟了获取香料的新途径，同时，也为中国月季不经过伊斯兰势力地区就能进入欧洲打下了物理通道的基础。1512～1522年间，葡萄牙探险家麦哲伦为西班牙政府效力，率领船队首次实现了环航地球，中国月季和欧洲玫瑰的东西方交流也随之成为可能。

　　正如十字军东征推广了欧洲玫瑰，伴随基督教国家在阿拉伯帝国疆域收复失地，中国月季也获得了新的出口渠道。

　　17世纪以后，东西方的接触增多，植物交流也愈加频繁。英国东印度公司在中国和印度开展贸易活动，来往于东西方的商人、船员、教士从众多东方新奇植物中发现了中国月季。中国月季月月开花，与一季开花的欧洲玫瑰完全不同，欧洲植物猎人竞相收集，并带回欧洲。英国对植物的重视也成为中国月季得以传入欧洲的关键。

2015年初，日本东京的涩谷文化村（Bunkamura）博物馆为纪念开馆25周年举办了"班克斯花谱展"，笔者正好在东京，就去参观了200年后问世的《库克船长航海记和班克斯花谱集》（Captain Cook's Voyage and Banks' Florilegium），看到了200年后才开花的太平洋美丽植物。

那是詹姆斯·库克（James Cook，1728～1779年）首次以考察自然为目的去航海，开始于1768年，历时3年。当时只有25岁的约瑟夫·班克斯爵士（Sir Joseph Banks, 1st Baronet, 1743～1820年）跟随这次航海，一路采集植物，使得南太平洋地区的许多博物学知识和见地得以传入西欧。

班克斯是英国探险家，后来成为博物学家、植物学家、植物猎人，1766年成为英国皇家学会院士，1778担任该学会主席，直至去世。他在1760～1763年间就读于牛津大学基督教堂学院，1761年从父亲手中继承了丰厚的财产，之后就四处旅行，采集植物标本，也参加了詹姆斯·库克的航海，并开始为出版《花谱集》做准备。因为他坚持要做出人们期待的出版品质，所以，《班克斯花谱集》历时200年才得以问世。

班克斯作为科学的拥护者而为人所知，穷尽毕生释放他对植物的热情，拥有自然史之父的地位。参加库克航海收集了大量新种，其中有75种都以班克斯命名而留存。他参与过澳大利亚的发现和开发，还资助了当时的许多年轻植物学家。他的肖像用在了1967年以后发行的澳大利亚5元纸币上。

班克斯还专门研究过经济植物的引进，从而与首到欧洲的中国原种月季发生了关系。木香（*Rosa banksiae*）就是以班克斯夫人命名，写在了英国苏格兰出身的植物学家罗伯特·布朗（Robert Brown，1773～1858年）的著作中。

第二章

芳香月季的原种

第一节
中国月季原种

当笔者在 10 年前开始与国际月季组织交往的时候就发现，中国的月季相关人士总是备受关注，大家都在表达同一个声音，那就是，现在的月季大多都有中国月季的基因。在世界各国的月季专著中都会提到中国月季对月季品种改良的贡献——四季开花性、茶香的芳香性，以及剑瓣的花型。月季家族中"中国月季"的地位在爱好者中早已成为众所周知的事实和美谈。

野生蔷薇生长在北半球的温暖地带，南半球没有自生的野生蔷薇。西藏周边和云南到缅甸是野生蔷薇的主要原产地，然后传播到中近东的西亚和欧洲，进而又从远东传到北美。

地球上作为杂交各种月季的原种推测有 150 ～ 200 个，但当今世界各地的月季都是以其中十几种，或一般说是其中 8 种为源头。在这 8 种原种月季中，原产中国的有 2 种，一种是庚申月季（*Rosa chinensis*），另一种是大花香水月季（*Rosa gigantea*）。庚申月季有月月红、长春花、斗雪红、瘦客等别名，日本称其为"庚申蔷薇"。庚申月季产自贵州、湖北、四川等地，大花香水月季产自云南丽江一带。

中国月季历史悠久，早在周朝（公元前 1059 ～前 255 年）就留

下了关于月季的文字——蒋蘼（穲蘼）、衈冬（曋冬）。中国原产
月季传入欧洲是从 16 世纪中叶大航海时代开始的，先到荷兰、英国，
然后到法国的玛丽·安托瓦内特庭院和约瑟芬·德博阿尔内庭院等。

　　在野生蔷薇中，大多是每年只开花一次，少有二次开花的，唯
有中国原产的庚申月季在修剪后可持续四季开花。让月季发生四季
开花革命的是东方月季、茶香月季、中国月季。实现完全的四季开
花性、丰满的花朵和优雅氛围的茶香月季与中国月季至今一直保持
着很高的人气，这些品种都源于中国原产的庚申月季。

　　说月季的四季开花性源于中国显然是当之无愧的，同时，月季芳
香性的茶香也源于中国。月季主要有两大芳香系统，一是源于四季开
花的中国月季，另一芳香系统源于欧洲一季开花的大马士革玫瑰。

　　中国月季传入欧洲后，因为有茶叶香的味道，就被称作"茶
香月季"，以大花香水月季（*Rosa gigantea*）、香水月季（*Rosa
odorata*）为代表。

　　日本资生堂调香师蓬田胜之在其《月季的香味》一书中陈述了
他关于中国月季芳香性的研究成果，就是在中国月季中都分析出"苯
甲醛二甲缩醛"（Dimethoxymethyl-benzene）的芳香成分。该成分就
是中国月季释放的茶香，被命名为"茶香成分"。

　　因为从现代月季品种中大多都能分析出或多或少的茶香成分，
所以说，现代月季的部分芳香性也源于中国。

　　中国月季与欧洲的加利卡玫瑰、大马士革玫瑰杂交诞生了杂交
中国月季（Hybrid China），杂交中国月季与茶香月季（Tea Rose）
杂交诞生了现代月季一大分类的杂交茶香月季（Hybrid Tea Rose），
简称 HT 月季。HT 月季因为有大马士革玫瑰的基因，所以，有些品
种只能闻到浓郁的大马士革香，但通过仪器则能分析出含有茶香成
分。茶香成分多的月季品种闻起来是淡香，但通过仪器也能分析出
含有大马士革玫瑰的香气成分。

一、四季开花月季原种

中国月季在以后的月季品种培育中发挥了不可取代的重要作用，首先从庚申月季的命名就可以看到。

1733 年，荷兰莱顿植物园（Botanical Garden of Leiden）的植物猎人在四川（或云南）发现了深红色的月季，就带回自己的国家，并拜托植物园园长尼古劳斯·约瑟夫·冯·雅坎（Nicolaus Joseph von Jacquin）进行鉴定。雅坎园长认为是中国原种月季，1768 年，就给这个月季命名为雅坎庚申月季（*Rosa chinensis* Jacquin）。庚申月季的英名是 Crimson China，学名则是 *Rosa chinensis* Jacquin。

庚申月季最初根据花色被叫作"绯红中国"（Crimson China）。命名"绯红中国"的雅坎园长是出生于荷兰、移居奥地利的植物学家，与瑞典植物学家、动物学家和医生卡尔·林奈（1707 ～ 1778 年，Carl Linnaeus）关系很好，就把庚申月季介绍给了林奈。

法国的玛丽·安托瓦内特（Marie Antoinette，1755 ～ 1793 年）早年为奥地利女大公，后为法国王后。约瑟芬·德博阿尔内（Joséphine de Beauharnais，1763 ～ 1814 年）是拿破仑·波拿巴的第一任妻子，法兰西第一帝国的皇后。

林奈是瑞典科学院创始人之一，并担任第一任主席，他奠定了现代生物学命名法二名法的基础，被称作"现代生物分类学之父"，也被认为是现代生态学之父之一。1759 年，林奈的弟子彼得·奥斯贝克（Peter Osbeck）在广东海关的庭院发现了粉色的月季，并带回国，根据花色称其为"粉中国"。林奈认为与雅坎介绍的庚申月季不是同一种月季，就赋予它"Rosa indica"的学名。现在已鉴定 *Rosa indica* 和雅坎命名的庚申月季是同一种月季。"粉中国"英文名叫"Pink China"，学名是"*Rosa indica* Linnaeus"，其实 *Rosa indica* 就是 *Rosa chinensis*。

四季开花月季品种的出现让当时的育种家们惊叹，传承了他们的热情和思想，现在，东方月季的伟大功绩仍在静静地，让人们体味着它蕴藏在自然之中的超越人之智慧的神秘之感。以下对月季获得四季开花性的经过做一些解释，从中也可以感受中国月季的魅力。

"庚申"源于我国古代计时法，那时靠天干与地支的配合记录年月日。天干 10 个，地支 12 个，两两组合，一轮为 60，称作一个花甲。人到 60 岁称花甲年，日子到 60 称庚申日，庚申月季意为 60 天开一次花，花期长，四季反复开花。

现在在公园和切花月季中看到的四季开花月季都源于庚申月季。庚申月季有很多变种，据推测，在遥远的过去，庚申月季本来也是与其他原种相同的一种攀援状一季开花蔷薇。近年发现的单瓣月月红和从很早以前就在栽植的庚申月季'阿尔巴'（*Rosa chinensis* 'alba'）都是只春天开花。后来如何变成四季开花，至今尚未知晓。

四季开花的品种一般都植株不高，这是因为攀援性的伸展活动（营养生长）因开花（生殖生长）而受到抑制，也就是说，开花次数越多，植株就越低。营养生长是指开花植物的根、茎、叶等营养器官的生长，生殖生长则是指植物的花、果实、种子等生殖器官的生长。当植物生长到一定阶段以后，便开始分化形成花芽，以后开花、授粉、受精、结果（实），形成种子。

关于开花次数越多植株越矮的性状，迷你月季亲本迷你庚申月季就是典型，高度只有 20cm，只要有温度就能随时长出花苞。也有些既具有攀援性，也多少还具有反复开花性的中间性品种，随着开花频率的增加，其一部分攀援枝条不再生长，于是就表现出更为明显的四季开花性，而不再具有攀援性。

庚申月季因其具有四季开花的特性，成为现代月季品种不可缺少的先祖，改变了月季杂交的历史，也让月季凌驾于其他植物之上，更加受到人们的喜爱而得到推广。

庚申月季与原产现伊朗的大马士革玫瑰杂交在月季历史上具有最为重大的意义，庚申月季系列的品种与原产西亚的加利卡玫瑰杂交，或庚申月季系列的品种与大马士革玫瑰自然杂交，生成了波旁月季（Bourbon Rose），由此，各种杂交起源系统延伸形成。杂交第一株现代月季'法兰西'所用四季蔷薇就有中国月季的血缘。

庚申月季自北宋时期开始得到广泛栽培和观赏，花色粉红，四季开花，所以得有别名"月月红"，有香味。高 1～2m，叶呈羽状，3～5 片叶，叶长 2.5～6cm、宽 1～3cm，果实为红色，直径 1～2cm。开花单瓣或重瓣，野生原种为单瓣。其香气与大马士革玫瑰香完全不同，是绿叶的清新和紫罗兰混合的柔和甜香。

据《中药志》第三册中记载，庚申月季的花蕾、花、根、叶均有药用。庚申月季的花和果实对月经不调、痛经、甲状腺肿大有治疗效果，一直作为传统中药使用。

庚申月季有许多变种和培育品种，其变种又成为月季原种。最古老月季原种之一的单瓣月月红（*Rosa chinensis* var. *spontanea*）就是庚申月季的变种，五月开花，一季花期，没有四季性。花瓣单瓣，直径 5～6cm，花色在花蕾时呈淡桃色到白色，随着花开，花色变成红色。但是，也有花色不变桃红或从淡黄色变成橙色的变种。主要香气成分是 1,3,5-Trimethoxybenzene（分子式：$C_9H_{12}O_3$）。

庚申月季 *Rosa chinensis*

中文名称：庚申月季
别　　名：月月红、长春花、斗雪红、瘦客
学　　名：*R. chinensis*
种　　类：原种（Sp）
香　　味：香
香　　型：茶香系，有辛香料的香气
原 产 地：中国
年　　代：1759 年
花　　色：粉红
花　　径：8cm
花　　型：半重瓣、剑瓣、平开
树　　高：1 ～ 2m
树　　形：攀援
花　　季：四季开花

庚申月季（*R. chinensis*）

二、浓香月季原种

中国原产的浓香月季原种大花香水月季在以后的月季品种培育中，芳香性和剑瓣性得到继承。

大花香水月季原产于喜马拉雅山海拔 1000～1500m 的山麓地带，包括印度东北部、缅甸北部、中国云南。

拉丁文 "*gigantean*" 是巨大的意思，大花香水月季是蔷薇中最大的品种，具有攀援性，刺坚弯曲，树高达到 20m 以上，可覆盖到其他树冠之上。叶为长 15～25cm 的复叶，通常有 7 片长 4cm～8cm 的小叶。花为白色、奶白色、黄色，花径 10cm～14cm，也是所有野生蔷薇中花径最大的。果实坚固，呈黄色或橘黄色，直径 2.5～3.5cm，可越冬留到次年春天开花之时。

大花香水月季的香味属于茶香，有强烈清爽、自然的香气和轻微的树脂香，还再加上紫罗兰木香。从香气分析看，可以确认稍有不同的两种香气类型，但其主要香气成分是 1,3-Dimethoxy-5-methylbenzene（分子式：$C_9H_{12}O_2$）。此外，其芳香性还有多含紫罗兰酮化合物和倍半萜烯烃的特点。

三、世界月季先祖的 4 种中国月季

18 世纪，中国月季进入英国。1733 年在英国博物馆有了标本，1768 年被标注学名为 *Rosa chinensis*。到了 19 世纪初期，大花香水月季与庚申月季杂交的中国月季传入英国，成为现代月季四季开花性的基础，同时，对现代月季的茶香具有重大影响。18 世纪末到 19

大花香水月季（*R. gigantea*）

大花香水月季 *Rosa gigantea*

中文名称：大花香水月季
学　　名：*R.gigantea*
种　　类：原种（Sp）
香　　味：香
香　　型：茶香系
原 产 地：中国西南、缅甸
年　　代：19 世纪前
花　　色：从白色到淡黄色
花　　径：10～14cm
花　　型：单瓣，花瓣幅宽、向下翻转、剑瓣、平开
树　　高：20m
树　　形：攀援（Cl）
花　　季：一季开花

世纪期间，有 4 个系统的中国月季传入英国，后 3 种都是庚申月季
与大花香水月季的杂交品种。

　　在中国月季传入欧洲之前，西方可再次开花的蔷薇只有秋大
马士革（*Rosa damascena* var. *bifera*，别名 Autumn Damask、Quatre
Saisons 等），而且其二次开花性很弱。植物猎人在 18 世纪末到 19
世纪初带到欧洲的中国月季具有很强的四季开花性。1789 年（或
1792 年）的'紫花月月红'（*Rosa chinensis* 'Semperflorens'）、
1793 年的'宫粉'月季（*Rosa chinensis* 'Old Blush'）、1809 年的香
水月季（*Rosa odorata*）、1824 年的淡黄香水月季（*Rosa odorata* var.
ochroleuca）。这 4 种中国月季中唯一具有攀援性的是淡黄香水月季，
紫花月月红和宫粉月季成为中国月季的先祖，香水月季和淡黄香水
月季成为茶香月季的先祖。

　　中国月季和茶香月季都枝条细而多，枝条先端开花，多见花朵
重量导致枝条先端发生弯曲的现象。然而，这种垂头姿态也正表现
了中国月季的柔美和含蓄之韵，成为庭院不可缺少的景观要素。

　　中国月季和茶香月季与草花的协调性很好，非常适于混栽的花
坛。想利用四季开花性配置花坛时，中国月季是很好的选择。楚楚
风情，结花丰好，纤细的枝条温柔地在眼帘中摇摆，还可以遮挡大
花独株品种的冷清。还有像'国色天香'（'Gruss an Teqlitz'）和'葡
萄红'（'Pu Tao Hong'）等品种，枝端若修剪后，只长到 2m 高，
可以制作完全的四季开花花拱。枝条自由度高的特点多见于中国月
季，毕竟中国月季原本就是攀援性植物。

　　最早传入欧洲的 4 种中国月季不仅为以后的月季培育注入了四
季开花性的基因，还有叶片的光艳、花瓣的反转剑瓣绽放、近似红
茶的甜香、淡黄香水月季的黄色等，这些特点是现代月季不可缺少
的要素，都源于中国月季的血脉。

1. '紫花月月红'（ *Rosa chinensis* 'Semperflorens'）

有人说，'紫花月月红'（英名 Slater's Crimson China，学名
Rosa chinensis 'Semperflorens'）是中国古代培育的，由东印度公
司的一位船长带到欧洲，作为礼物送给了他的朋友。'紫花月月红'
从印度加尔各答的庭院来到英格兰庭院师吉尔伯特·斯雷塔（Gilbert
Slater）的身边，意味着四季开花的红色月季基本种传入欧洲。

斯雷塔第二年就成功地让月季开出了深红色的花朵，并于 1792
年（有说 1789 年）发表。这个月季就采用他的名字，称作"中国绯
红斯雷塔"（Slater's Crimson China）。

加利卡玫瑰等是深粉或紫罗兰色，采用'中国绯红斯雷塔'作
为月季亲本后，出现了颜色鲜艳的红色月季品种。

'**紫花月月红**' *Rosa chinensis* '**Semperflorens**'	
中文名称：	紫花月月红
学　　名：	*R. chinensis* 'Semperflorens'
英 文 名：	Slater's Crimson China
种　　类：	中国月季（Ch）
香　　味：	微香
香　　型：	茶香型
原 产 地：	中国
年　　代：	1792 年
花　　色：	从紫红色到深紫色，鲜艳，但给人温柔的印象
花　　径：	6cm
花　　型：	从单瓣到重瓣，花瓣数 45 枚。开始是杯型徐徐开放，随着绽放，花瓣边缘逐渐返卷。因为枝细，花茎长，所以开两三朵花就垂头。整体是奢华的形象，但也表现出努力绽放的姿态
树　　高：	70cm
树　　形：	直立，有横展性
花　　季：	四季开花
应　　用：	树形小，可以盆栽
交配亲本：	原种

'紫花月月红'（*R. chinensis* 'Semperflorens'）

2. '宫粉'月季（*Rosa chinensis* 'Old Blush'）

宫粉月季从早春一直开花到圣诞时节，如果气候温暖，可持续周年开花。淡粉色的花朵随着绽放颜色变深，让细细的枝头染上浓妆。到了秋天，花瓣边缘颜色变深，更加增添了一层色调的美丽。花多，丛生花型。单瓣、中型，花朵可爱，花枝适度扭曲更显优美。植株匀称，适合花坛栽植。春天开得最早，香气甚好，只是从花苞到盛开的变化速度太快，稍有遗憾。

以促进自然科学发展为宗旨的皇家学会会长约瑟夫·班克斯（Joseph Banks，1743～1820）于1793年介绍了英国帕森（Parsons）庭院里的中国月季，那个月季就是'宫粉'月季，但当时来路不明。

帕森花了4年时间，让粉色有香味的中国月季开了花，为扩大

'宫粉'月季 *Rosa chinensis* 'Old Blush'

中 文 名 称：'宫粉'月季
学　　　名：*R. chinensis* 'Old Blush'
英 文 名：Parsons' Pink China
种　　　类：中国月季（Ch）
香　　　味：香
香　　　型：茶香系
原 产 地：中国
年　　　代：1793年
花　　　色：粉色
花　　　径：6cm
花　　　型：千重瓣、圆瓣、丛生型
树　　　高：0.6～1m
树　　　形：直立
花　　　季：四季开花
长　　　势：强健
交配亲本：不详

月季爱好者群体做出了贡献，所以，'宫粉'月季就开始被叫作"帕森粉中国"（Parsons' Pink China）。以后，也被称作'古老泛红'（Old Blush），中文译为宫粉月季。"宫"之一字，道出只有中文才能传达的古老气韵。

宫粉月季后来传到美国，培育出诺伊塞特玫瑰（Noisette Roses）系统的月季，在法国里昂产出多花蔷薇（Rosa polyantha），进而在法属波旁岛产出了波旁月季的交配亲本。

'宫粉'月季在中国已有千年栽培历史，英国园艺家、植物学者托马斯·莫尔（Thomas Moore，1821～1887年）曾在他的诗中咏道，它是"最后的夏日蔷薇"。

皇家学会（Royal Society）是伦敦皇家自然知识促进学会（The Royal Society of London for Improving Natural Knowledge）的简称，成立于1660年，资助科学发展，也是当今世界上历史最长而又从未中断过的科学学会，在英国起着国家科学院的作用，英女王是学会的监护人。

'宫粉'月季（R. chinensis 'Old Blush'）

3. 香水月季（*Rosa odorata*）

　　19 世纪初期，英格兰的休谟爵士（Sir Hume, A. Bart，1749 －
1838 年）通过东印度公司从广东附近的育种商那里买到了叫作"休
谟茶香中国"（Hume 's Blush Tea-scented China）的月季，1810 年赋
予其 *"Rosa odorata"*（奥多拉达月季）的学名。但是，对照当时的
记录，现在的香水月季是变化很大的，从单瓣变成了半重瓣，从柠
檬色变成了浅红色，很难判断当时的"休谟茶香中国"就是现在的
所谓"香水月季"。

　　奥多拉达月季是庚申月季和大花香水月季的自然杂交种，也有
说它是在中国栽培的"香水月季"。花朵散发茶嫩叶的香气。因为
它有类似红茶的香气，所以被起名为 Tea-scented China（茶味中国）。
后来与诺伊塞特玫瑰和波旁月季等其他品种群杂交，成为茶香月季
的源头，又经过与四季蔷薇的杂交，向杂交茶香月季发展，成为现
代月季的重要亲本。

　　奥多拉达月季是能够长成大树的具有攀援性的直立月季。皮埃
尔·约瑟夫·雷杜德（Pierre-Joseph Redouté，1759 ～ 1840 年）画奥
多拉达月季时用了 Rosa indica fragrans 的名字，是庚申月季和大花香
水月季的自然交配种，或者是大花香水月季的变异种。

　　现在市场上的香水月季可能是两种，一种是别名为"白长春"
的庚申月季阿尔巴，一季开花，长得很大，可能只是用"奥多拉达"
的名字作为砧木流通而发生了混同；再一种是 2000 年在老挝再次发
现的 Hume's Blush Tea-scented China，由日本千叶县的阿尔巴月季园
引进而得到推广。

香水月季 *Rosa odorata*

中文名称：香水月季
学　　名：*R. odorata*
英 文 名：Hume's Blush Tea-scented China
别　　名：辛香奥多拉达（Spice Odrata）
种　　类：茶香月季（T）
香　　味：强香
香　　型：茶香系，有清爽的芳香
原 产 地：中国
年　　代：1810 年以前
花　　色：乳黄色上带粉
花　　径：8cm
花　　型：枝条细而奢华，但生长茂盛，生
　　　　　育力强。在温暖地区冬天也开花
树　　高：1 ～ 1.5m
树　　形：直立
花　　季：四季开花
长　　势：强
交配亲本：*R.chinensis* Jacq. × *R. gigantea*
　　　　　Collett ex Crépin

皮埃尔·约瑟夫·雷
杜德是比利时植物学家、画
家，以月季、百合及石竹类花卉
等绘画闻名于世，有"花之拉斐尔"
的称号。

Rosa Indica fragrans. *Rosier des Indes odorant*
(vulg. Bengale à odeur de thé.)

香水月季（*R. indica fragrans*）
（摘自皮埃尔·约瑟夫·雷杜德《月季图谱》）

4. 淡黄香水月季（*Rosa odorata var. ochroleuca*）

淡黄香水月季是香水月季的变种，香水月季是淡粉色的，淡黄香水月季是淡黄色的。

宫粉月季等庚申月季与麝香蔷薇（*Rosa moschata*）和秋大马士革玫瑰的杂交诞生了诺伊塞特玫瑰和波旁月季等新系统的月季，虽然交配特点难以找到规律，但具有反复开花性和大花性的杂交四季蔷薇还是诞生了，再进而与茶香月季交配，1867 年就诞生了"法兰西"——最早的完全四季开花的大花系列杂交茶香月季。于是，月季的世界就变得丰富多彩，呈现了大规模的发展。

淡黄香水月季 *Rosa odorata* var. *ochroleuca*

中文名称：淡黄香水月季
学　　名：*R. odorata* var. *ochroleuca*
英　文　名：Parks' Yellow Tea-scented China
别　　名：Flavescens（syn. 'Park's Yellow'）/ Jaune ancien（tea）/
　　　　　　Jaune ancienne / Lutescens Flavescens / Old Yellow Tea
种　　类：茶香月季（T）
香　　味：香
香　　型：红茶香
原 产 地：中国
年　　代：1824 年以前
花　　色：奶白色
花　　径：11cm
花　　型：剑瓣、高蕊
树　　高：1 ～ 1.8m，冠幅 1.5m
树　　形：半攀援
花　　季：四季开花，早开
长　　势：一般
应　　用：适用于篱墙、庭院栽植
交配亲本：不详

　　中国月季的先祖月季原种是粉色和玫瑰红色的，所以，在以后的月季品种培育中，粉色和红色调的品种也占多数。另一方面，茶香月季是白色和淡粉色、淡黄色的品种居多。香气特点是红茶香，在树形方面，花容和树姿都比中国月季要大。

淡黄香水月季（*R. odorata* var. *ochroleuca*）

四、迷你月季原种

庚申月季是四季开花性的先祖，大花香水月季是茶香的先祖，迷你月季的先祖也可以追溯到中国月季。庚申月季的矮化变种是迷你月季的先祖，于 1815 年介绍到欧洲。

迷你庚申月季是现代迷你月季的源头种，英文名为 "Fairy Rose"。它叶片好像鸟的羽毛，左右都有小叶排列，先端有一片小叶，构成奇数羽状复叶状。相邻的两片叶子长在相对两侧，每个茎节上只长一片叶子，交互而生。小叶的形状是细长的卵形。开花后的果实是子房及其他部分形成的假果。

迷你庚申月季 *Rosa chinensis* 'Minima'

中文名称：迷你庚申月季

学　　名：*R.chinensis* 'Minima'

别　　名：迷你月月红、Dwarf Pink China、R.rouletii、R. rouletii Correvon、Rouletii

种　　类：原种（Sp）

香　　味：微香

原 产 地：中国

年　　代：1815 年以前

花　　色：粉色

花　　径：2.5cm

花　　型：中度重瓣，花瓣 25 枚，丛生型开花

树　　高：30 ～ 50cm

树　　形：直立

迷你庚申月季（*R.chinensis* 'Minima'）

第二节
欧洲和西亚的月季原种

在现代月季的培育中，欧洲和西亚的原种主要利用的是其二次开花性和大马士革香型的芳香性，根据不同育种目的，对欧洲和西亚的月季原种做出选择。加利卡玫瑰和腓尼基蔷薇杂交诞生了大马士革玫瑰，犬蔷薇和大马士革玫瑰杂交诞生了阿尔巴玫瑰，加利卡玫瑰和麝香蔷薇的杂交诞生了秋大马士革玫瑰。秋大马士革玫瑰和阿尔巴玫瑰杂交诞生了千叶玫瑰。

一、加利卡玫瑰（*Rosa gallica*）

加利卡玫瑰原产于欧洲中南部，向东至土耳其和高加索地区，被称作欧洲月季园艺品种的祖先。根据现存最古老的蔷薇记载，1世纪古罗马学者老普林尼在他的《博物志》中记载了加利卡玫瑰的存在——"好像燃烧的红玫瑰"。加利卡玫瑰因当时自生在法国南部的加利卡地区而得名，也有"法国蔷薇"的叫法。

加利卡玫瑰的花色有红色和紫红色，成为现代红色系月季的重要先祖。芳香清甜浓郁品种居多。花型有单瓣、半重瓣，自古被列入药用。约瑟芬皇后的庭院栽植了 150 个加利卡玫瑰杂交品种。

加利卡玫瑰有一个重要的变种，叫"药用玫瑰"（*Rosa gallica* var. *officinalis*）。

"药用玫瑰"自古作为药用植物栽培。据说，花瓣、叶片和根部煎煮后可治百病，所以得名。英国玫瑰战争时期，兰开斯特家族的家纹就是"药用玫瑰"。

说到药用月季，有代表性的是原产北欧的这个野生种"药用玫瑰"，还有保加利亚和摩洛哥的大马士革玫瑰、南法栽培的千叶玫瑰等。用于香料的好品种就直接药用，所以，日本多花蔷薇、中国的刺玫等也自古药用。

此外，加利卡玫瑰还有一个重要的芳香变种，叫'罗莎曼迪'（*Rosa gallica* 'Versicolor'）。它强香，有野性的味道，应用于食物、药物、香水和玫瑰浴。

'罗莎曼迪'意为"世界的月季"，12 世纪以英格兰国王亨利二世之妃命名。

药用玫瑰 *Rosa gallica* **var.** *officinalis*

中文名称：药用玫瑰
学　　名：*R.gallica* var. *officinalis*
种　　类：原种（Sp）
香　　味：香，清甜的古老月季香
香　　型：大马士革香型
原 产 地：欧洲
年　　代：约 1400 年开始被栽培
花　　色：明亮的粉红色，全开后露出金黄的雄蕊
花　　径：8cm
花　　型：半重瓣，中心大花，周围小花簇拥
树　　高：1.2m
树　　形：灌木型
花　　季：一季开花
长　　势：非常强健
应　　用：适于庭院

药用玫瑰
（ *R.gallica* var.*officinallis* ）

'罗莎曼迪' *Rosa gallica* 'Versicolor'

中文名称：罗莎曼迪

学　　名：*R.gallica* Versicolor

别　　名：Rosa Mundi

种　　类：加利卡玫瑰（G）

香　　味：强香

香　　型：大马士革香型

原 产 地：欧洲

年　　代：1581 年以前

花　　色：粉红色中带有白色或淡粉色条纹

花　　径：8cm

花　　型：半重瓣，中心大花，周围小花簇拥

树　　高：1.2m

树　　形：直立

花　　季：一季开花

交配亲本：*R.gallica* var.*officinalis* 的芽变

'罗莎曼迪'（*R.gallica* 'Versicolor'）

二、腓尼基蔷薇（*Rosa phoenicia*）

腓尼基蔷薇原产小亚细亚，就是现在的土耳其及其周边地区，对欧洲月季产生了巨大影响。它是大马士革玫瑰的祖先，也就是说，大马士革玫瑰的芳香是继承了腓尼基蔷薇的香气基因。

腓尼基蔷薇 *Rosa phoenicia*

中文名称：腓尼基蔷薇
学　　名：*R.phoenicia*
种　　类：原种（Sp）
香　　味：强香
香　　型：果香型。甜香混合柑橘的清香，形成了果香的味道
原 产 地：小亚细亚、中东
年　　代：1885 年发现
花　　色：白色
花　　径：中花
花　　型：单瓣，花瓣不尖，成凹型
树　　高：树高 2.4m，横展 1.2m
树　　形：藤蔓
花　　季：夏天开花，一季开花
长　　势：生长旺盛，刺少。喜欢干燥的沙性土壤

腓尼基蔷薇（*R.phoenicia*）

三、大马士革玫瑰（*Rosa damascena*）

大马士革玫瑰原产于亚洲西南部的安那托利亚半岛到叙利亚的地中海沿岸，是腓尼基蔷薇与加利卡玫瑰的偶然自然交配生成了大马士革玫瑰。它与麝香蔷薇杂交的秋大马士革玫瑰一起于 16 世纪被介绍到欧洲，奠定了月季园艺品种的基础。

树形大多属于散漫的半攀援状态（灌木形），品种不同，树形也呈现完全不同的状态，其中有些品种可用作家用攀援月季。

公元前 600 年，古希腊女抒情诗人萨福曾称颂大马士革玫瑰为"花中之王"。花朵强香，自古在波斯作为香料种植，其香气产生了"大马士革香"的名称。

大马士革玫瑰至今一直是香料提取的主力军，用于精油和香水原料，产品有玫瑰精油、玫瑰水等。花瓣可作调料、茶、糖腌制品食用。

为更好地用于香料，育种者对大马士革玫瑰进行了品种改良，在保加利亚、土耳其等国都有采油产业。保加利亚有"玫瑰谷"，那里的自然条件好像就是为大马士革玫瑰特制的。下午下雨，次日清晨放晴，早晚温差大，一天中气候变化无常，最适于种植大马士革玫瑰。土壤酸性低，排水性好，是大马士革玫瑰生长的最佳土壤。

收获季节为 5 月下旬到 6 月上旬，一年中花期只有 20 天。而且，收获的是香气，一天中可收获的时间仅在早上 5 点到太阳升起之前的很短时间。出太阳后温度一上升，花朵绽开，封闭在花苞内的香气成分就散发而去了。

收获的大马士革玫瑰需立即送往蒸馏厂制成玫瑰精油。2600 株大马士革玫瑰只能提取 1g 精油，非常珍贵。玫瑰精油的芳香对人的身心都有治愈作用。

　　大马士革玫瑰有许多功能，可称之为消除烦恼的良药。在保加利亚，自古就用大马士革玫瑰提取精油，把玫瑰水当作民间药物，广泛用于日常生活，保持身心健康，美容必备，具体功效如下。

　　美容方面：调节肌肤平衡，保湿，抗菌，扩张毛细血管以改善血液循环，抑制异味，预防脱发、脱毛，促进毛发生长，抗过敏。

　　精神系统方面：活跃脑神经，给予幸福感，调节植物神经，具有放松效果。

　　妇科方面：强壮子宫，通过通经和调节月经周期实现女性荷尔蒙活动的正常化。

　　消化系统方面：增进食欲，抑制胃炎，通便。

　　中枢神经系统方面：提高免疫力，抑制头疼、发烧。

　　疾患治疗方面：抗炎作用，抑制耳痛、耳鸣。

大马士革玫瑰 *Rosa damascena*

中文名称：大马士革玫瑰
学　　名：*R.damascena*
别　　名：Summer Damask
种　　类：大马士革玫瑰（D）
香　　味：强香
香　　型：大马士革香型
原 产 地：中近东
年　　代：1570 年以前
花　　色：淡粉
花　　径：7cm
花　　型：半重瓣，壶型开花，是中心四等分的四分丛生型
树　　高：1.6m
树　　形：直立
花　　季：一季开花
长　　势：刺多，是传承大马士革香的珍贵品种
交配亲本：（*R. moschata* Herrm. × *R. gallica* L. ）× *R. fedtschenkoana* Regel
应　　用：香料原料

安那托利亚（Anatolia）位于黑海
和地中海之间，现在全境都属于土
耳其。

大马士革玫瑰（*R.damascena*）

四、犬蔷薇（*Rosa canina*）

犬蔷薇分布于欧洲、非洲西北部和西亚，是欧洲最为众所周知的野生蔷薇，到处都有生长，很皮实，所以用作嫁接的砧木。高1～5 m，茎上布满了小刺。叶片是奇数羽状复叶，有5～7片小叶。花期在5～6月间，发红的细枝多有分枝，形成结实的团簇花蕾，好像樱花开放一般。花色是一般的淡粉色，但从浓粉到白色，多有变化。

英国说的"野玫瑰"（Wild Rose）指的就是犬蔷薇。

开花后留下橄榄似的绿色果实，直径1.5～2cm，在气温下降后的10～11月变成通红色，非常壮观，成为庭院主角。

犬蔷薇的果实富含抗老化物质，有美肤不可缺少的维生素C、钙、铁、维生素E、胡萝卜素、食物纤维。其维生素C含量是柠檬的7～10倍，所以犬蔷薇的果实才被称作"蔷薇果"。修剪月季时晒伤了的话，可饮用蔷薇果茶。

蔷薇果一直是药材，一般干燥后使用，也可以榨取蔷薇果油。干燥蔷薇果茶可按如下方法制作。

待蔷薇果变红以后，先把它洗干净，去掉果核（种子）和竖起来的毛，让皮和果肉干燥，制成干燥蔷薇果。把茶壶先预热一下，一杯茶用一茶勺蔷薇果。残留蔷薇果毛需用过滤纸去除，可边刮毛边倒入杯中。蔷薇果茶也可以和红茶、薄荷、香草豆、蜂蜜等一起喝。酸味适中，特别推荐。其他还可以做蔷薇果蜜和果酱。

犬蔷薇也有许多园艺品种，比如无刺犬蔷薇（*Rosa canina* 'Assisiensis'）。

犬蔷薇还有个特性，就是它的减数分裂方式为"永久奇数倍数性"。犬蔷薇是5倍体（2n = 5x = 35），减数分裂时只能形成7

犬蔷薇（*R. canina*）

犬蔷薇 *Rosa canina*

中文名称：犬蔷薇
学　　名：*R.canina*
英 文 名：Dog rose
种　　类：原种（Sp）
香　　味：香，夜间香味强烈
原 产 地：欧洲、非洲西北部、西亚
年　　代：不祥
花　　色：淡粉
花　　径：4～6cm
花　　型：单瓣
树　　高：1m～5m以上，能缠绕到乔木的树冠上继续伸长
树　　形：直立型
花　　季：一季开花
应　　用：地被植物

对二价染色体，其他染色体都是单价体。单价体能进入卵细胞，但不能转移到花粉。犬蔷薇也有4倍体和6倍体的，但也同样发生如此方式的减数分裂。

关于名称的由来，有说法是18～19世纪时，犬蔷薇曾用于治疗狂犬病。

五、阿尔巴玫瑰（*Rosa alba*）

"Alba"是拉丁语"白色"的意思，阿尔巴玫瑰是白色或淡粉色。从淡粉色到白色，半重瓣到重瓣均有。阿尔巴玫瑰一直以纯洁的花容、清香、发蓝的叶片等特点吸引着无数的月季爱好者。

古老月季收藏家的格拉汉·托马斯（Graham Thomas，1909～2003年）在他的著作中提到，一株阿尔巴玫瑰即可占据庭院一角，给它自由空间去生长繁茂，就能感受修筑小山的成就感。种植阿尔巴玫瑰需要半径2m的空间。

阿尔巴玫瑰的香气与大马士革玫瑰很像，也可以萃取精油，但阿尔巴玫瑰品质稍差。在保加利亚，收获大马士革玫瑰之后，海拔稍高地方的阿尔巴玫瑰才开始开花。

红玫瑰的先祖是加利卡玫瑰，白玫瑰的先祖是阿尔巴玫瑰。在基督教的世界里，从很早以前就以红玫瑰代表殉教，白玫瑰象征纯洁。传说圣母玛利亚在玫瑰花蕾上挂了铃铛之后，下面的玫瑰就都变成了白色，以后那株玫瑰树也只开白花。有圣人说，蔷薇是因圣母玛利亚的纯洁而变成白色，因慈悲而变成红色的。圣母是无染原罪的存在，被称作"无刺玫瑰"。所以，蔷薇是表示圣母玛利亚的重要物件，白玫瑰是圣母的象征，体现了神秘感和纯洁性。

阿尔巴玫瑰的由来不像加利卡玫瑰那么清晰，而且，也不是纯粹的原种，而是杂交产生。据说，大马士革玫瑰与犬蔷薇的自然杂交种诞生了阿尔巴玫瑰，其他还有种种说法。有神话说，阿尔巴玫瑰是伴随女神阿弗洛狄忒（维纳斯）的诞生而出现的。在桑德罗·波提切利的《维纳斯的诞生》画作中，撒落的白玫瑰应该是阿尔巴玫瑰的'赛美普莱纳'（'Alba Semiplena'）。代表品种有'玛克西玛'（'Alba Maxima'）、'丹麦女王'（'Queen of Denmark'）等。

有人说，'赛美普莱纳'就是英国玫瑰战争中约克家族的白玫瑰，也有人说，'玛克西玛'才是。战乱时期，混同两种玫瑰在所难免，但可以肯定的是，约克家族的白玫瑰是阿尔巴玫瑰。

在15世纪画家马丁·施恩告尔（Martin Schongauer，1448～1491年）的作品《玫瑰丛中的圣母》中画有阿尔巴玫瑰的'赛美普莱纳'白玫瑰和加利卡玫瑰的红玫瑰，'赛美普莱纳'推测是阿尔巴玫瑰'玛克西玛'的芽变。

关于阿尔巴玫瑰的名称由来有两种说法，一种是罗马说，另一种是处女说。罗马说的根据是阿尔巴（Alba）一词的两个出处，一个是指罗马教会神职者的白色长衣，另一个是指罗马帝国的城市阿尔巴朗格（Alba Longa）。当时这个城市一直被称作"阿尔巴"，是拉丁语。从古代帝国一直居住在那里的原住民自称是阿尔巴人。处女说的根据是，罗马主神（Mercury）的母亲迈亚（Maia）是拉丁语世界中"少女""处女"的语源，且根据变成五月（Mai）的过程，伴随意为"纯洁无瑕白色"的拉丁语古语推移，阿尔巴一词得到推广。

两种说法都与罗马有很深的关联，特别是罗马说认为，花冠的素朴与纯血之意同化。以后的阿尔巴玫瑰"天空"（Celestial）、"丹麦女王"（Queen of Denmark）等都不是纯白，而是稍带粉色。

此外，"玛利亚玫瑰"有时也指迷迭香。迷迭香是具有辛香型香气的香草，据说，圣母玛利亚在耶稣孩提时代，经常将耶稣的衣服挂在迷迭香的树上晾干，那是因为玛利亚相信，迷迭香的香气具有驱魔的力量。让耶稣的衣服吸收迷迭香的香气可以提高杀菌效果，也就可以保佑耶稣远离疾病。

'玛克西玛' *Rosa alba* 'Maxima'

中文名称：玛克西玛

学　　名：*R. alba* 'Maxima'

种　　类：阿尔巴（A）

香　　味：强香

香　　型：清爽的柠檬香。在杂交现代月季的白色品种上可看到白玫瑰香的影响

原 产 地：欧洲

年　　代：1500 年以前

花　　色：花蕾淡粉色，全开后接近纯白色

花　　径：7cm ～ 8cm

花　　型：重瓣，花瓣数 70 枚、四分丛生型

树　　高：2.0m ～ 2.5m

树　　形：半攀援

花　　季：一季开花

长　　势：从植株底部生出的枝干比加利卡玫瑰还粗，很快自立。耐寒性强，除'赛美普莱纳'和'少女羞红'（Maiden's Blush）等古老品种有黑斑病外，基本不得病

'玛克西玛'（*R.alba* 'Maxima'）

六、千叶玫瑰（*Rosa centifolia*）

千叶玫瑰因花瓣多得像圆白菜而得名。花色从浅红色到桃色，花朵是有风情的美丽杯型，一直受人喜爱。而且，大马士革玫瑰香气也非常浓郁，在法国南部的香水之都格拉斯和摩洛哥都有种植，用于提炼精油。

千叶玫瑰不是纯粹的原种玫瑰，是秋大马士革玫瑰与阿尔巴玫瑰杂交诞生的原种，原产于高加索和马其顿，16 世纪开始在荷兰得到品种改良，18 世纪初完成。一般说的大马士革玫瑰指的是夏大马士革玫瑰，由加利卡玫瑰与腓尼基蔷薇杂交而成，秋大马士革玫瑰是加利卡玫瑰与麝香蔷薇杂交而成。

千叶玫瑰纯粹的古典风格、美丽杯形状花容和浓郁大马士革玫瑰芳香使它至今魅力不减。画作中也多有描绘，特别是法国女画家伊莉莎白·维杰·勒布伦（Élisabeth Vigée Le Brun，1755～1842 年）画的千叶玫瑰，她因为给皇后玛丽·安托瓦内（Marie Antoinette，1755～1793 年）画肖像而出名。植物画家雷杜德也留下了千叶玫瑰系统月季的绘画杰作。

千叶玫瑰（*R.centifolia*）

千叶玫瑰 *Rosa centifolia*

中文名称：千叶玫瑰

学　　名：*R.centifolia*

别　　名：圆白菜玫瑰

种　　类：千叶玫瑰（C）

香　　味：强香

香　　型：大马士革香型

原 产 地：欧洲

年　　代：1600 年以前

花　　色：粉色

花　　径：6cm ～ 8cm

花　　型：重瓣，花瓣数 100 枚以上，杯型，圆形

树　　高：1.5m ～ 2 m

树　　形：直立性半攀援，有半横展性

长　　势：花朵稍少，但一般不会察觉

花　　季：一季开花

应　　用：适于花拱、丝网、盆栽等

七、苔藓玫瑰（Moss Rose）

苔藓玫瑰因千叶玫瑰的突然异变而诞生，千叶玫瑰的最初园艺品种是苔藓玫瑰（Moss Rose）等变种，都具有很强的大马士革玫瑰香气。千叶玫瑰与苔藓玫瑰在欧洲都是很有人气的玫瑰品种系列，大多品种具有古老月季的特点，重瓣，花瓣重叠，释放浓郁的芳香。

在茎、萼、叶上都有特异线毛密生，好像苔藓，所以得名。花蕾上也布满了细小的刺毛，非常有特点。花蕾时期比开花时更能表现特性。

苔藓玫瑰应该是最典型的古老月季，多为舒缓的灌木形，芳香强烈。

苔藓玫瑰 Moss Rose

中文名称：	苔藓玫瑰
学　　名：	R.centifolia var. muscosa
别　　名：	Moss Rose
种　　类：	苔癣玫瑰（M）
香　　味：	强香
香　　型：	大马士革香型
原 产 地：	法国南部发现
年　　代：	1750 年以前
花　　色：	粉色
花　　径：	9cm
花　　型：	重瓣，丛生型
树　　高：	1.6m
树　　形：	灌木形，半攀援，枝条匍匐，伸展性好
花　　季：	一季开花
长　　势：	枝条荒乱伸展，植株由纤细枝条构成
应　　用：	适合盆栽、窗边、丝网和花拱

苔藓玫瑰（Moss Rose）

八、麝香蔷薇（*Rosa moschata*）

麝香蔷薇原产于喜马拉雅山西部，麝香的香气和花期长的特性一直用于月季品种的培育。在温暖地带从晚春开到晚秋，冷夏地带从晚夏开始开花。花萼长 2cm，花朵的麝香香气从雄蕊释放出来，这一特性在其某些后代品种中也有所体现。花茎上的刺直立或稍有弯曲，底部宽。叶片光泽或灰绿色，5～7 片卵形叶片，有小叶齿。有时叶脉有短绒毛，叶轴有刺。卵形小果实在秋天变成橙红色。

之所以叫麝香蔷薇是因为可以闻到辛香气，但香味还是比较强烈的大马士革香，或者说是有辛香味的大马士革香，苯乙醇（phenethyl alcohol）为主要芳香成分。

麝香是从雄鹿腹部香囊（麝香腺）获取的分泌物，干燥后是香料，也是药材。在麝香的原产地印度和中国，自古以来就有用麝香制成的薰香和香油、药材等。阿拉伯的《古兰经》里也记载了，6 世纪麝香信息传到欧洲，12 世纪有实物从阿拉伯进入欧洲。麝香甜香，粉状，有保持香气的功能，成为制造香水的重要原料。麝香还有兴奋、强心、刺激男性荷尔蒙等药理作用，用作六神丸、安宫牛黄丸、片仔癀等中药成分。

麝香蔷薇 *Rosa moschata*

中文名称：麝香蔷薇
学　　名：*R.moschata*
别　　名：Musk Rose
种　　类：原种（Sp）
香　　味：强香
香　　型：带辛香味的大马士革香
原 产 地：西亚、北美
年　　代：6 世纪前
花　　色：白色
花　　径：5cm
花　　型：单瓣，花瓣数 5 枚，聚伞花序（Cyme）
　　　　　或伞房花序（corymb），团簇开花
树　　高：3m
树　　形：灌木形、攀援形
花　　季：一季开花

麝香蔷薇（*R.moschata*）

九、异味蔷薇（*Rosa foetida*）

异味蔷薇原产于格鲁吉亚高加索山脉的山麓丘陵地带，拉丁文 foetida 是"有恶臭"的意思，传说是有让人感觉不快的腐烂酸味，所以得名，实际是蜜柑的香味。花朵黄色，是杂交现代黄色月季的重要角色。

异味蔷薇有个变种叫双色异味蔷薇，花瓣外侧是红色或橙色，内侧是黄色。

异味蔷薇是杂交黄色现代月季的重要原种，其中尤为知名的是 1900 年诞生的第 1 号黄月季。法国育种家约瑟夫（Joseph Pernet-Ducher）将种子长成的原种安东瓦内（Antoine Ducher）与古老的奥地利异味蔷薇合体，培育出第 1 号黄月季'桑德拉'（Soleil d'Or）。这个月季品种现在被认为是最早的普纳月季（Pernetiana Rose），为'和平'月季的重要先祖。但是，'桑德拉'没有四季开花性，于是，育种者就对'桑德拉'做了进一步改良，1907 年培育出四季开花的'里昂月季'（Lyon Rose），进而在 1920 年终于培育出完美的黄月季'克劳狄斯'（Souvenir de Claudius Pernet）。德国著名育种公司柯德斯于 1933 年用'克劳狄斯'之子的'朱利安·波坦'（Julien Potin）培育的'格海姆拉特·杜伊斯堡'（Geheimrat Duisberg）成为当今黄月季的祖先。

异味蔷薇在原产地以外的很多地方都有栽植，容易感染黑斑病。黑斑病有很多种，症状类似，都是在叶片上出现黑斑，逐渐病害扩散。但是，其病原菌各有不同。异味蔷薇的黑斑病属于枝孢菌属（Cladosporium），又称褐孢霉属，是一种能够产生分生孢子的霉菌，室内、室外都常见。

异味蔷薇 *Rosa foetida*

学　　名：*R.foetida*
别　　名：Austrian Yellow Rose、Rosa pimpinellifolia
种　　类：原种（Sp）
香　　味：香
香　　型：果香型，蜜柑香味
花　　型：单瓣
原 产 地：阿富汗（中近东）
年　　代：1542 年以前
花　　色：鲜艳的黄色
花　　径：5cm
花　　型：单瓣，花瓣数 5 枚
树　　高：2m
树　　形：半攀援灌木蔷薇
花　　季：一季开花、早开

异味蔷薇（*R.foetida*）

第三节
日本月季原种

　　亚洲的月季原产地是中国和日本，中国自古有庚申月季、木香、金樱子等野生月季，也有栽植月季的文化。宋太祖时期（960～978年）的书画中有庚申月季，公元1000年左右还有对刺玫蔷薇（Rosa rugosa）的描绘。中国月季传入欧洲，从而诞生了四季开花的月季。

　　日本述及蔷薇的最古老文献是《常陆国风土记》（约720年），其中记载了"茨"（蔷薇）。把蔷薇写作"茨"与日本历史有着悠久深厚的联系，在现存日本最早诗歌集《万叶集》（770年）中，用"宇万良"的名称记载了蔷薇，也有"茨"的记载。《万叶集》中有许多咏诵花草的诗歌，其中两首是有关蔷薇的。《古今和歌集》（905年）中出现了中国文字"蔷薇"，据此推测，中国月季在日本延喜年间（901～923年）传入日本。在《枕草子》和《源氏物语》中都有蔷薇登场。

　　当时应该是以贵族阶层为中心栽培蔷薇。在藤原定家（1162～1241年）的日记《明月记》里有"长春花"的文字，在《春日权现灵验记》中还描述了贵族家前庭栽植的蔷薇。

　　在当时的日本，人们不喜欢玫瑰刺，所以蔷薇未能普及。到了江户时代，德川三代的家康、秀忠、家光都喜欢花，使观赏花卉的栽培得以盛行。但是，日本的花卉普及还是在明治维新以后，现代月季伴随西洋文化一同进入日本，人气旺盛至今。

日本有 14 种野生蔷薇，包括多花蔷薇（*Rosa multiflora*）、光叶蔷薇（*Rosa wichuraiana*）、山蔷薇（*Rosa sambucina*）、高岭蔷薇（*Rosa aciculaisis nipponensis*）、山椒蔷薇（*Rosa hirtula*）、金樱子（*Rosa laevigata*）、刺玫（*Rosa rugosa*）等。其中，多花蔷薇、光叶蔷薇和刺玫传入欧洲，成为现代月季的品种改良亲本。

最早传入欧洲的是刺玫。林奈的弟子卡尔·彼得·通贝里（Carl Peter Thunberg，1743 ～ 1828 年）到过日本，他在 1784 年著写的《日本植物志》中介绍了刺玫，并命名为 Rosa rugosa。1796 年通过伦敦的 L&K 商会得到栽培。L&K 商会是当时欧洲育种业的头号企业，拥有从海外进货的渠道。具体进口渠道不详，可能是在中国或日本的外交官，也可能是植物学者，或者是从植物猎人手中秘密进货。当时，中国的四季开花庚申月季也进入欧洲，转移了人们对刺玫的关注。

刺玫再次登场欧洲是 1845 年，瑞典博物学家菲利普·弗兰兹·冯·西博尔德（Philipp Franz von Siebold，1796 ～ 1866 年）从日本引进刺玫，并印刷了销售目录。此外，根据雷杜德画的《月季图谱》第五幅画也可以确认，在约瑟芬的马尔迈松庭院里曾有过刺玫。但从《月季图谱》的出版时间（1817 ～ 1824 年）可以推断，图谱中画的刺玫不是西博尔德引进的。

刺玫原产于日本寒冷地区，所以耐寒性极强，从而产出了寒冷地区的杂交月季品种。日本多花蔷薇是日本野生蔷薇的代表，传入欧洲是在 19 世纪初，团簇开花。光叶蔷薇对藤蔓月季的诞生做出了重大贡献。藤蔓月季是攀援月季中的枝条细软品种，适合做花环等。

一、日本多花蔷薇（*Rosa multiflora*）

400万年前的日本多花蔷薇化石曾在日本兵库县明石出土，证明在人类出现之前日本就有野生蔷薇存在。

日本多花蔷薇属落叶攀援灌木，高2m，以多花性为特点，所以得名。花期5月～6月，枝端开白色或淡粉色花朵，伞房花序（cluster，corymb）。每朵花有5片白色圆形花瓣，花径2cm。雄蕊黄色，有香味。到5月开花季节，散发好像苹果味道的清爽甜香。奇数羽状复叶，小叶数7～9片，呈椭圆形，10cm长，有细微锯齿，表面无光泽。秋天结果，准确地说是附果，成熟时呈红色。果实用于泻药、利尿药，日本药房都有标注。此外，果实萃取物对皮肤脓肿、皮肤肿块、粉刺等有疗效，用作化妆品成分，有护肤、收敛、抗氧化、美白、保湿、促进皮肤细胞活化等作用。

月季品种的培育主要利用日本多花蔷薇的多花性和丛状开花性，而且，耐寒性、耐暑性和抗病性都强，在许多杂交中得到应用。日本多花蔷薇于1810年在法国得到介绍，并随之成为多花蔷薇的亲本之一，进而产生了丰花月季和现代迷你月季。现代月季的多花蔷薇和丰花月季品种都利用了它的独枝多花特性，使日本多花蔷薇成为现代丰花月季的祖先。

日本多花蔷薇分布于北海道到九州、朝鲜半岛。除冲绳以外，日本各地都有野生，一般生长在平原、草原、路边，森林里少见。特别在河边、杂乱丛生的地方多有生长，即使与杂草一同被割掉，也大多能继续萌芽，具有杂草的顽强性格。

因为顽强和坚韧不拔，日本多花蔷薇还用作生产月季苗木的砧木。栽培日本多花蔷薇过程中常见从根部有萌芽，且长势繁茂。中国现在生产月季苗木也多用日本无刺蔷薇，日本无刺蔷薇就是日本多花蔷薇的无刺品种。

在此，介绍两个日本多花蔷薇原种，粉团蔷薇（*Rosa multiflora* var. *cathayensis*）和七姐妹（*Rosa multiflora* var. adenochaeta）。

附果也称假果，不是由子房发育而成，而是由花萼、花冠等邻接组织发育而成的果实，其结构比正常果实复杂很多。

粉团蔷薇 *Rosa multiflora* var. *cathayensis*

中文名称: 粉团蔷薇
学　　名: *R.multiflora cathayensis*
种　　类: 原种（Sp）
香　　味: 微香
原 产 地: 日本
年　　代: 1907 年
花　　色: 白色～粉色
花　　径: 2～3cm
花　　型: 单瓣平开，花瓣数 5 枚
树　　高: 1.5m～2.0m
树　　形: 半攀援，幅宽和高度相同
花　　季: 一季开花

粉团蔷薇（*R.multiflora var. cathayensis*）

七姐妹（*Rosa multiflora* var. *adenochaeta*）

　　"七姐妹"日文写作"筑紫蔷薇"，"筑紫"是
九州的别称，意思是九州南部独特的多花蔷薇。

　　"七姐妹"很像"多花蔷薇"原种，花色浅红，
而花朵底部是白色。在晚夏开花，特征是花序和花柄、
花萼中密生红色的长线毛，特别在花序中呈大红色。
花朵比多花蔷薇要大，花径 3～5cm。植株整体也比
多花蔷薇大些。小叶 5～7 枚，深绿色，有粗大锯齿，
与其他多花蔷薇不同的是，小叶有光泽。叶片内侧毛少，
叶轴无毛生出线毛。

　　"七姐妹"在中国中西部和亚洲东北部都有分布。

七姐妹 *Rosa multiflora* var. *adenochaeta*

中文名称：七姐妹
学　　名：R.multiflora var. adenochaeta
种　　类：原种（Sp）
香　　味：香
原 产 地：日本
年　　代：1917 年前原勘次郎采集标本，1918 年小泉
　　　　　源一命名为"Rosa adenochaeta Koidz."
花　　色：浅红色～白色
花　　径：3～5cm
花　　型：单瓣平开，花瓣数 5 枚
树　　高：2m
树　　形：半攀援，幅宽和高度相同
花　　季：一季开花

七妮妹（*R.multiflora* var. *adenochaeta*）

二、光叶蔷薇（*Rosa wichuraiana*）

光叶蔷薇是日本多花蔷薇的同类，但因为叶面有角质层，显出光艳，所以得名。比较日本多花蔷薇，开花数较少，每一朵花更大，有香味，也有"香味蔷薇"之称。在月季培育中主要利用其攀援性。

光叶蔷薇多生于海岸和荒地，分布于日本、朝鲜、中国，特点是主干很长，具有匍匐性，覆盖地面生长。枝条上有勾形刺，侧枝直立，先端挂花。奇数羽状复叶，由 7～9 片小叶组成。小叶厚，呈圆形或椭圆形，边缘部分有齿牙，表面深绿光泽，背面黄绿。花期为 6 月～7 月，比早开日本多花蔷薇开花晚。枝条先端开 3～3.5cm 的五瓣白花。花序主轴弯曲成闪电形。果实较大，呈 8～10mm 球状，果熟呈红色，有光泽，也用于泻药、利尿药，在日本药房有标注。

光叶蔷薇有些变种，比如野生屋久岛蔷薇（*Rosa yaku-alpina*），生长在九州鹿儿岛附近的海上屋久岛。屋久岛蔷薇多生长在山里，高 2m 左右。枝干上有笔直的刺。奇数羽状复叶，叶片是从卵状到底部略宽前端尖的针叶，有 5～7 片，特点是顶端小叶最大。花期在 5 月～6 月间，花径小到 1.5cm，白色，多用作地被植物。有一种以屋久岛蔷薇为父母之一的品种叫'丝绸之路'，其白色小花能铺成丝绸之路的景观。

月季与连接中国和地中海世界的丝绸之路有不解之缘，叙利亚的巴尔米拉（Palmyra）曾被称作"丝绸之路的月季"。巴尔米拉是叙利亚中部重要古城，位于大马士革东北 215km，幼发拉底河西南 120km，成为商队穿越叙利亚沙漠的重要中转站，也是商业中心。巴尔米拉开满月季，所以商人们热爱这个地方，并把它当作一个非常好的休息场所。

光叶蔷薇 *Rosa wichuraiana*

中文名称：光叶蔷薇
学　　名：*R.wichuraiana*
别　　名：Rosa luciae、Rosa Multiflora、香味蔷薇
英文名：Memorial Rose
种　　类：原种（Sp）
香　　味：香，甜香
原产地：日本、中国东部
年　　代：1891 年传入法国、美国
花　　色：纯白色
花　　径：3cm ～ 4cm
花　　型：单瓣，花瓣数 5 枚
树　　高：20cm ～ 50cm（变种"屋久岛蔷薇"高 2m）
树　　形：匍匐蔓性
花　　季：一季开花

光叶蔷薇（*R.wichuraiana*）

第三章

芳香月季的繁育

第一节
月季繁育与遗传学

月季是拥有悠久栽培历史的园艺植物，不仅在直观的花色、花型、树冠和花序大小形状等方面各式各样，香味也有丰富细腻的区别，从而产生了当今几万、十几万种的月季品种。

月季的树形有灌丛、匍匐、攀援、矮小、直立等，10cm～500cm的树高在各品种上体现各异。花序的形态从独花到多花，花朵的空间配置从圆锥、平坦、螺旋到散乱。这些月季品种的性状不同是源于遗传基因，并非生长环境的非遗传因素所致，月季品种的繁育也是遗传学的应用。

现在，品种改良已不仅限于月季的形态和花色，更增加了对香味变化的追求，用于制造香水的月季得到频繁开发。而且，品种改良技术也不再限于传统杂交育种法，以基因工程应用和细胞、分子级分析为基础的育种方法已取得飞跃性发展。同时，育种家和相关研究人员、专家们达成共识，明确了保存原种月季和古老月季的品种改良方向，并在为之不断付出努力。

月季的品种繁育一直采用杂交育种法，为有效实现品种繁育，理解各种性状的遗传模式是至关重要的。针对中国月季原种特有的四季开花性（单基因座劣性遗传）和花瓣的重瓣化（单基因座优性遗传），孟德尔遗传定律给出了部分解释，但还有许多遗传模式尚未解密。

月季属于异花受精植物，必须在其他花朵上受粉后才能生出种子。异花受精是不同个体的雌配子与雄配子结合，玉米、黑麦、南瓜等作物都属于异花受精繁殖。也就是说，月季属于遗传学上非常复杂的植物。

月季的许多园艺品种还有染色体倍性，交配结果难以预测，育种家们只能依靠经验和感觉，偶然性很强，所以说，月季育种是需要付出大量时间和劳作的伟大工程。一般来说，一个品种的育成需要进行两三万朵花的人工交配。播种50万粒，在其中挑选优性个体，历经5～10年，只能培育出4～10个品种。

近年来，分子遗传学发展很快，将分子遗传学技术应用到月季育种，可连锁出有用性状的分子标记，从而绘制成遗传图，遗传图可以把花瓣数量、四季开花性、成长速度、花色、刺多刺少、叶片大小、抗病性、香味等性状基因座的位置表示出来。月季的基因组只有600Mbp（6亿碱基对），现在的做法是通过解读所有基因组，将木本观赏植物模式化。

在法国城堡游必经之地昂热（Angers）的法国国立农业研究所INRA（Institut National de la Recherche Agronomique）一直从事月季的分子遗传学研究。INRA是欧洲最大规模的农业研究所，法国各地均有研究分支机构。法国是农业国，各地都经营地方特色农业，所以INRA分支机构就配合当地农业开展研究活动。

昂热是世界屈指可数的月季产地之一，园艺产业活跃。INRA从月季育种公司梅昂和得乐范取得研究材料，开展农业生产与研究相结合的信息交流和研究活动。

我们来看看花序的基因控制。

花序是指枝条先端多头花聚集在一起，以某种方式排列。独头花品种适用于切花生产，所以，独头花月季是切花市场的主流，而叫作"庭院月季"的品种大多是多头花。花序的研究是分析和测定控制花序排列和花期的基因数量和位置。

育种家重视花序排列和花期，但是在以往的育种过程中，因为相关性状过于复杂，难以量化，所以，花序排列和花期未能成为花色、香味、抗病性等选种要素的补充。

月季的表现性异变是连续发生的，很容易随栽培环境条件发生变异。也就是说，表现性状难以指标化，更不可能对遗传异变有所选择，对控制花序排列和花期的基因构成也几乎一无所知。要实现计划性育种和用分子标记进行间接选种，首先必须科学解释控制花序排列和花期等性状的基因构成。

看上去不同的花序排列，到底怎么不同，要想数据化描述是非常困难的。比如人的脸，看上去都各有不同，但要用数值表示其不同则非常困难。眼睛和鼻子的距离、眼睛的纵横比等，构成人脸的要素实在是太多了。所以，月季花序的数值化也同样困难。分枝的距离，节间距等，都要对各种参数进行分类和分析后才能数值化。如果做到了这一步，哪些要素中发生了遗传变化，各要素之间是独立发生变化的还是相互作用发生变化的，等等，许多信息就可以取得了。

一个栽培品种和一个原种的自然杂交产生 F1 代，这就好像母树和父树经交配生出了许多兄弟姐妹，共 120 个兄弟姐妹基因型。各基因型用扦插方式克隆 3 个，从而形成三百多个基因型的大家族，种植在户外苗圃，历时 5 年育成。针对花序排列和开第一朵花的开花期，取得 2 年的表现性状数据。然后，按花序排列、花数、叶间节长、分枝的频繁程度等细致分类，并记录相关数值。例如花序的节长，节长越长，分枝频率越高。可以看到，有枝端开 3～8 朵花的单纯花序排列，也有频繁分枝、开花 100 朵以上的复杂花序排列，形态多样。

　　要判断我们看到的表现差异是因为遗传，还是源于生长环境的非遗传因素，可以采用计算广义遗传率的方法，看看遗传变异占总变异的百分比。如果同遗传基因的克隆个体之间出现较大差异，则可判断为遗传率低。然后，再对遗传率高的进行基因分析。分析结果表明，花序排列的遗传率高，开花期有近一个月的变异，但也具有较高的遗传率。

　　此外，通过QTL（quantitative trait locus，数量性状基因座）解析得知，与花序排列相关的性状和开花期都不是受孟德尔遗传定律单基因遗传所控制的简单性状，而且，多个性状基因座存在于基因图上的同一领域。通过这样的领域可以推测，从多方面施加影响的基因是存在的，正因为如此基因的影响，产生了性状间的遗传关联性。

　　通过QTL解析确定基因所存在领域后，即可开始探索原因基因的实验。这个实验就是把作为候补的若干基因显示在遗传图上，然后看看对象基因座领域是否有相关基因存在。通过这样的实验，可以明确若干可深入探索的候补基因。比如，有一个基因显示在控制开花期的主导基因座领域，这就表示，它有可能是开花期发生变异的原因基因。

　　那么，中国古老月季四季开花性的原因基因是怎样的呢？

　　月季有一季开花和四季开花的，一季开花的月季只在春天发生花芽分化，相反，四季开花的月季在一年中反复发生花芽分化。几乎所有野生蔷薇都是一季开花，而让现代月季具有四季开花性的是中国自古栽培的具有四季开花性的庚申月季。庚申月季源于一季开花的单瓣月月红（*Rosa chinensis* var. *spontanea*）的突然异变。

　　在20世纪70年代就了解到，用交配实验培育月季的四季开花性是受单一劣性基因座支配的遗传性状，其原因基因至今尚未确定。该研究以湧永制药的岩田光博士为中心实施，在世界上率先确定了带给栽培月季四季开花性的突然异变。

第二节
月季的外观

一、月季的花型

花型是月季育种的重要元素。为便于理解品种描述，在这里，我们来对月季的花型做一些简要的整理。

月季的花型一般从花瓣形状、花瓣数量、花朵整体形状、花朵高度、花朵造型等几方面进行分类和描述。

花瓣形状有单瓣、剑瓣（半剑瓣）、圆瓣（断瓣、波状瓣）、重瓣等。蔷薇科植物基本都是5枚花瓣，雄蕊突变成花瓣。花瓣多至20枚时叫半重瓣，花瓣再增加就是重瓣。根据花瓣数量分为单瓣、半重瓣、中度重瓣、重瓣、千重瓣，具体如下：

单瓣：5～7枚花瓣，呈单层排列

半重瓣：8～20枚花瓣，呈2～3层排列

中度重瓣：21～29枚花瓣，呈3～4层排列

重瓣：30～39枚花瓣，呈4层以上排列

千重瓣：40枚以上花瓣，呈数层以上排列

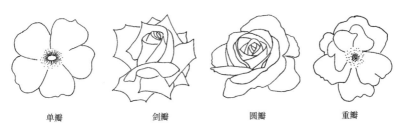

| 单瓣 | 剑瓣 | 圆瓣 | 重瓣 |

花瓣形态示意图

　　关于花朵整体形状，根据观看角度各有不同描述。侧看花朵有杯型、坛型，花朵的高度分为高蕊、平开。俯瞰花朵，有环抱、丛生、四分丛生、碎花等造型。观看植株整体，枝条顶端只开一朵花的独头品种，多用于切花生产；一根枝条先端多头团簇开花的品种适合盆栽、庭院。

　　说到月季，大多数人会浮现剑瓣高蕊的花朵形象，于是，很容易以为，标准月季是剑瓣高蕊的，其实不然。月季也有单瓣平开而剑瓣的，圆瓣的也有不是环抱开花的形状。月季花型根据描述目的和著书人而有所不同，在此，我对本书采用的花型描述语言进行一些说明。

　　月季的花型可归纳为以下 9 种典型，但品种不一，也有介于其间的花型，而且，很多品种伴随花开过程会发生花型变化。所以，月季的花型难以准确分类，不能归属以下 9 种花型的月季品种还有很多。

平开型

坛开型

杯开型

丛生型

四分丛生型

碎花型

剑瓣高蕊型

半剑瓣高蕊型

圆瓣环抱型

月季的花型

平开型：从侧面观看，花瓣基本呈水平展开。单瓣品种较多，但重瓣品种也有这种花型。

坛开型：花瓣的展开比水平型稍微向上升起，花瓣边缘有向下翻卷趋势，从侧面观看，花朵呈坛型。

杯开型：花瓣整体呈圆形，花开倾向内侧，从花朵正侧面看，好像一个杯型碗。

丛生型：花瓣很多，不规则密集展开，古老月季多为这种花型。

四分丛生型：花瓣好像四等分状，古老月季和英国月季常为这种花型。

碎花型：花瓣微小密集，开花时呈半球形团状。

剑瓣高蕊型：伴随花瓣的展开，外侧花瓣向下、进而向内反转，现代月季多为这种花型。

半剑瓣高蕊型：与剑瓣高蕊型基本相同，但花瓣反转程度略小。

圆瓣环抱型：圆形花蕾缓和展开，呈圆形开放状，类似半剑瓣型花型，但花瓣几乎不反转。

二、月季的叶片

叶片是植物的外观组成部分，其遗传基因也是育种时需要考虑的。月季的叶片一般是光滑的，由5叶或7叶组成。几乎所有庭院品种都有此特征，只是叶片表面的光泽度有所不同，有些品种的叶片好像涂上了一层油，有些则明显暗淡，很多品种还介于两者之间。所以，我们可以把月季的叶片分为3种，光泽、亚光、无光。并非所有月季品种都是5叶或7叶，少量品种的叶片类似蕨类植物，由许多小叶组成，比如"金丝雀"（Canary Bird）。而且，也不是所有品种的叶片表面都光滑，刺玫蔷薇（*Rosa rugosa*）的叶片就有很深的肋纹，形成特别的皱纹效果。

成熟的月季叶片基本是绿色的，从"弗雷德劳德兹"（Fred Loads）的淡绿到"弗利西亚"（Felicia）的墨绿，可分为淡绿、绿和墨绿3种。除灌木月季外，还有些品种的叶片呈青铜色，闪烁铜

淡绿 　　　绿 　　　墨绿 　　　青铜

月季的叶片

辉。月季在嫩叶时呈明显的紫色或深红色，有些品种到叶片成熟仍保持红色，如"粉叶蔷薇"（*Rosa rubrifolia*）和'泡芙美人'（'Buff Beauty'）。月季叶色的另一个极端是阿尔巴玫瑰的灰绿色，属于蓝色调。此外，还有很少几个品种有迷人的秋天红叶，突出表现在刺玫蔷薇（*Rosa rugosa*）类品种上。

三、月季的果实

当月季花开过后，在秋日的庭院里，一些灌木月季会呈现色彩鲜艳的果实景观，如野蔷薇（*Rosa moyesii*）的瓶状红果和好像大西红柿的'达格玛夫人'（'Frau Dagmar Hartopp'）的果实。此外，还有很多其他赏果品种。

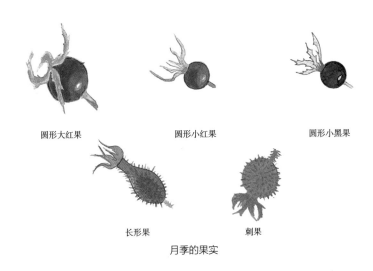

圆形大红果   圆形小红果   圆形小黑果

长形果   刺果

月季的果实

四、月季的花色

月季的花色分为红、粉红、黄、紫、白、黑、绿、橘红、蓝几种色系，有全部花瓣颜色相似的单色、花瓣正反面颜色不同和差异明显的双色，还有两种以上颜色混合而成的混色，以及两种以上颜色中至少一种呈明显带状分布的带状色。古典月季以柔和色调为主，现代月季多为鲜艳的色彩。

古老月季的基本色调是粉色，种植同色系月季可呈现古典庭院的神韵，在其柔和色调的配置中巧妙应用现代月季的鲜艳，即可成就层次丰富的和谐交响之美。

粉色系月季品种最多，淡粉、浓粉、杏色系橘粉、丁香调紫粉等，各种粉色月季都可向其他色彩协调展开。

黄色和杏黄色的月季可谓新锐的景观色彩，添加铜色月季，用明中之暗表现亮点，可实现不同于传统风范的景观新意。

近年来，蓝色调的紫色和薰衣草色月季为人们带来了新颖的感受，庭院里也呈现了比以往更为丰富的色彩配置景观。

形成强烈印象的庭院色彩组合可以是，粉色→浓粉→橘粉→粉红，也可以是相反方向的色彩变化风景。

明亮柔和气氛的色彩组合可以是，粉色→橘粉→橘黄→深黄→纯黄，也可以是相反方向的色彩变化风景。

新形象的色彩组合可以是，淡黄→杏黄→橘色→铜色，也可以是相反方向的色彩变化风景。

展现沉稳印象的庭院景观可以是，奶白→淡粉→薰衣草粉→淡紫，也可以是相反方向的色彩变化风景。

不同类别的月季在花色方面大致可以归纳为以下特点。

古老月季以白色、粉色、紫色等柔和色彩为主体；

英国月季在古老月季花色的基础上，增加了柔和的黄色、杏色、绯红色；

现代月季是丰富的鲜艳色彩。

五、月季的树形

月季属于灌木性木本植物，具有丛生性。由于枝条先端有顶生花，所以树形不能连续生长发育。乔木中有许多顶生花植物，但这些植物在顶花芽的下方有一个能够代替顶芽继续生长的侧芽，而月季是腋芽位置越高长势越弱，腋芽位置越低长势越强，所以，位置较高的侧芽即使发芽，长势也随之越来越弱，最后老化干枯而死亡。此时，植株底部潜芽萌生，从地表伸出长势强劲的徒长枝，称之为基枝（basal shoot），取代老化枝继续生长发育。

正因为月季生长发育的这些特点，一年四季反复采收切花的生产才得以实现。

月季的植株外形主要分为直立（Bush Rose）、攀援（Climbing Rose）和介于其间的灌木（Shrub Rose）3 种，各种形态之下又有更为深入的细致划分。直立形是一般的月季植株形态，但基因系统复杂，品种繁多。攀援形是枝干有攀援性的月季，常用于篱墙、拱形花架和球体造型等。灌木形是介于直立与攀援之间的月季。

灌木月季的高度一般在1m～2m，一季开花品种居多，抗病性强。通过不同的修剪方法，可让树形接近直立形月季或攀援月季。代表性品种有'紫玉'（'Shigyoku'）、'约克与朗科斯特'（'York and Lancaster'）、'熏衣草少女'（'Lavender Lassie'）等。

攀援月季的树形有差异较大的分别，了解月季的树形是设计在园林、庭院中使用月季所不可缺少的，特别是攀援月季，其攀援特征各有不同，有匍匐性的、蔓性的、灌木丛状的、直立的等。

花型可根据图片判断，但树形的判断则必须了解树枝的伸展特点。下面的树形图对月季的攀援性进行了分类。这个分类并不是从学术角度，而是从庭院设计的角度分类的。

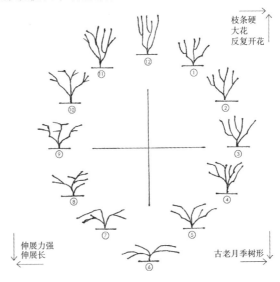

月季树形图

以上树形图是对树形分类的归纳，是判断月季如何用于庭院、某品种是否适合某庭院的根据之一。园林设计要考虑植物生长前景，树形分类也不仅针对当前的苗木状态，还有尚未成形而蕴含的生长可能性。

有专家将攀援月季的树形划分为12种，基枝的伸展长度、方向、强度、弯曲处的高度以及小枝的发生特点等，对月季的应用都是非常重要的。

1. 四季开花树形

四季开花的大花到中花的品种大多属于这种树形。植株底部生出几根主干枝，所有枝条都粗壮，主干枝向上伸展，不规则开花。大多数情况下，枝条粗壮且延伸较长，在枝条先端开出几朵花。

此时，基枝的生长告一段落，其他反复开花的枝条也就延伸有限了。经过冬季修剪和花开之后适时断花，树形则变得紧凑和结实。

这种树形更显花容美丽，与其说整体植株形成风景，不如说整个植株供奉着美丽的花朵。有些英国月季属于这种树形。

2. 散花树形

基枝从植株底部向上方和斜上方伸展，基枝开花或枝条先端弯曲，就说明已迎来成长的终结。

枝条弯曲处之上会生出小枝，这些小枝的重量使枝条愈加向外倾斜。多数枝条粗壮，有一定强度，从植株底部放射状展开枝条，好像天女散花，形成了散花姿态的树形。

整体树形由粗枝构成，枝条强壮，所以不会发生枝条先端因柔软而下垂的状况。有些四季开花品种也属于这个树形，但该树形更多表现在一季开花的品种。

3. 攀援树形

植株底部生出若干粗壮主干，有强度，各枝自立。基枝都是刚直地向上伸展，失去枝条的粗壮和先端弯曲表示生长暂时结束。

一般来说，植株底部只长出 3～5 枝主干就不再生出了，主干从生长中途开始顺序分枝，枝条直线向上伸展，在上部又长出许多小枝，形成了茂密的氛围。

这种树形可以说是四季开花树形的大型化，主要表现在四季开花品种的变种攀援品种和用四季开花品种杂交的品种，代表品种有'攀援夏日雪'（'Summer Snow Climbing'）、'攀援冰山'（'Iceberg Climbing'）。'攀援冰山'就是名花'冰山'（'Iceberg'）的变种。

4. 古老月季树形

从植株底部长出的若干主干呈放射状，基枝长势好，向上伸展，中途开始大幅度弯曲，且经常在弯曲的地方长出许多小枝。枝条较粗，属于自立型树形，粗壮强劲的主干以支柱的姿态支撑着树冠。

花朵开在枝条弯曲处到先端之间，在弯曲处顶点到植株底部之间有时会长出侧枝，枝条先端下垂，有时甚至触及地面。

代表品种有半重瓣'阿尔巴白玫瑰'（'Alba Semi plena'）和'布鲁塞尔别墅'（'La Ville de Bruxelles'）等。'阿尔巴白玫瑰'以叶色美丽灰绿为特点，成为培育现代月季的重要原种。

5. 加利卡树形

基枝极具柔软性，伴随从植株底部的伸展发生大幅度弯曲，垂及地面，枝条先端半匍匐生长。

植株底部上方枝条交错密集，向侧面伸展。细枝品种大多属于这种树形，枝条数量多，柔软，植株整体可呈现生长茂盛的形象。

这种树形的月季适用于细腻的庭院造景，可营造出艺术性，代

表品种有'红衣主教黎塞留'（'Cardinal de Richelieu'）和'伊普
西兰泰'（'Ipsilante'）。

6. 匍匐树形

枝条纤细、柔软，基枝向斜上方伸展，枝条先端迅速下垂，以
枝条接触地表处为基础点匍匐伸展，好像地被常春藤，有移动植物
的感觉。

枝条延伸长，纤细，可谓富有高雅情趣，代表品种有'阿贝卡
巴比埃'（'Albéric Barbier'）和'阿德莱德奥尔良'（'Adelaide
d'Orleans'）等。

7. 侧斜树形

这个树形的主要特点是枝条粗且柔软。基枝从植株底部斜着向
上方伸展，中途转一个大弯，然后贴地表匍匐伸展到很长。植株整
体是粗放的感觉，没有纤细的形态。

这种树形的品种有长势强健和枝条多的特点，适用于居住区的
围墙和屋顶等，符合表现大气势风格的要求。

这种树形的品种不太适合小型花拱和构造物的利用，而且，这
种树形的月季大多是大花和中花的，代表品种有'约克城'（'City
of York'）。

8. 开帐型

"开帐"指的是佛教寺院安放本尊和其他佛像后开门让人参拜，
也是风水用语，当龙祖之山肩像鸟展开翅膀，从其中心穿出叫"开帐"。

开帐型的月季树形也具有枝粗且柔软的特点。向上方伸展的基
枝长到一定程度则开始大幅度弯曲，大部分枝条先端朝向地面，大
多不接触地面，只有某些特别长的枝条先端会接触到地面，并爬行

生长。

这种树形的月季适合住宅外墙使用，小花到中花的居多，代表品种有'宝藏'（'Treasure Trove'）那样枝条无限伸展的，也有像'博比詹姆斯'（'Bobbie James'）那种短枝开帐展开型的。

9. 高株型

基枝直立状向上伸展到很高，成为主干，主干上部弯曲处生出许多小枝，在树高 3m ～ 5m 处会形成树环。

小枝长长地柔软下垂，一般是在这样的枝上开花，主干的作用是作为支柱托起和支撑开花的小枝。发挥树形的特性美是挖掘月季的潜在应用，可以去掉主干采用牵引法。

这种树形的代表品种有'漫步的牧师'（'Rambling Rector'）和'邱蔓'（'Kew Rambler'）。

10. 小高株型

小高株型是高株型的微缩版，植株直立，基枝向上伸展，枝条粗壮，中途开始弯曲。弯曲处周围生出许多小枝，小枝下垂，在这些小枝上开花。基枝和主干将小枝向空中托起，起到制造顶部大树冠的支柱作用。

标准树高在 3m 左右，植株整体比高株型紧凑，藤本月季'芭蕾舞者'（'Ballerina'）和'等待的情人'（'Phyllis Bide'）属于这种树形。

11. 直立型

基枝向上伸展，枝条先端处弯曲，并在弯曲处长出小枝。转年以后主干多生小枝，开花就发生在这些枝条上。'加利满草'（*R. californica* 'Plena'）和樟味蔷薇（*R. cinnamomea*）是这种树形的代表品种。

12. 耸立型

　　耸立型也属于直立树形，但基枝更加强劲，直耸向上伸展。植株上部有分枝，主干在分枝处下垂。

　　耸立型枝条粗壮，但同时也具有柔软性。转年春天枝条先端发出新芽，于是就发生大幅度枝条弯曲，同时促进了侧枝的生长。

　　该树形与匍匐树形是两极分化，代表品种有'威廉洛博'（'William Lobb'）、'珍妮德蒙特福德'（'Jeanne de Montfort'）、'风采连连看'（'Constance Spry'）等。

第三节
欧洲玫瑰女王遇见中国月季太后

每一朵月季花，都充满了无数美的秘密。

古罗马时代，从中近东和西亚、地中海沿岸到欧洲的原种蔷薇都是大马士革玫瑰，姿态的潇洒和香气的妖艳使它成为"花之女王"，让人们感受到无限魅力。但那时是一般人难以自己栽培花卉的时代，玫瑰对老百姓来说过于昂贵，即使时代更替，玫瑰也一直是王侯贵族的身份象征。

进入19世纪以后，"花之女王"的美丽更添风采。贵族雇佣的植物猎人们获得巨资，开始在全世界搜集珍贵植物，肉食不可缺少的香辛料和作为药草的香草，还有象征荣华的玫瑰。到达中国的植物猎人们发现了4种中国月季，在船中制作玻璃温室，把这些月季当作贵重的宝贝用心保存，带回了英国。约瑟夫·班克斯带回了宫粉月季，吉尔伯特·斯雷塔带回了紫花月月红，休谟带回了香水月季，帕克斯运回了淡黄香水月季。这4种月季使其后的欧洲月季界发生了巨大变化，被称作月季的"4匹种马"。

冠以"China"的月季具有欧洲玫瑰所没有的两大特性，首先是四季开花性。在欧洲，玫瑰5月开花后将经历漫长的冬季，好像梦的季节已去。可是，中国的月季却四季反复开花，让英国贵族们可以把身份的象征随时放在身边。四季开花的中国月季深深地打动了

'紫花月月红'（中国绯红斯雷塔）	香水月季（休谟茶香中国）
学名：R.chinensis 'Semperflorens'	学名：R. odorata
英名：Slater's Crimson China	英名：Hume 's Blush Tea-scented China

'宫粉'月季（帕森粉中国）	淡黄香水月季（帕克斯淡黄茶香月季）
学名：R. chinensis 'Old Blush'	学名：R. odorata var. ochroleuca
英名：Parsons' Pink China'	英名：Parks' Yellow Tea-scented China

贵族们的心。中国月季的另一特性是释放好像红茶的芳香。欧洲人之前感受的"玫瑰香"是浓华和醉甜的大马士革香，而一直乐享红茶的贵族们居然在中国月季上发现了类似红茶的清爽香气。

从中国去往欧洲的4种中国月季不过是姬君，背后还有太后驾驭，中国月季的祖先"大花香水月季"因其稀有而独特的香气对当今月季产生了巨大影响。贵族们在感受过噎人的大马士革甜香后，气质高雅的茶香直抵内心深处。

1867年，法国里昂育种家让巴蒂斯·特洛特·佩尔（Jean-Baptiste Guillot fils，1827～1893）培育发表了四季开花的大花月季品种'法兰西'（'la France'），是当时最为理想的园艺品种。他将一株中国茶香月季与一株欧洲玫瑰混种，取名为杂交茶香月季。具有前所未见的剑瓣高蕊花型，合体了大马士革香和茶香的两种香气，形成了花瓣尖而高蕊大花绽放的姿态和浓华且清爽的复杂香气，让欧洲月季界焕然一新，推动了至今两万数千种月季的进化过程。

中国月季香基本传承了中国月季太后"大花香水月季"的芳香基因。中近东和欧洲的大马士革玫瑰香与源自中国大陆野生月季祖先的茶香月季香为现代芳香月季做出了巨大贡献。经由陆上丝绸之路或乘船传入欧洲的东方文化展现于各领域，在芳香月季的世界里，最具划时代意义的是中国"月季太后"与欧洲"玫瑰女王"的遇见。

第四节
波旁月季与波特兰玫瑰

　　月季的代表性芳香是大马士革香，现在，玫瑰精油都是从大马士革玫瑰中提取。值得关注的是，加利卡玫瑰与麝香蔷薇杂交产生的秋大马士革玫瑰和中国庚申月季杂交生成了波旁月季。

　　秋大马士革玫瑰是大马士革玫瑰中唯一可反复开花的品种，比其他一年只开一次的西洋玫瑰都珍贵。19世纪英国植物猎人将中国四季开花的月季带到欧洲，可想而知当时那颠覆月季历史的轰动。波旁月季就是西洋古老玫瑰和中国庚申月季杂交生成。因为最初发现的中西混血儿月季是在印度的波旁岛（现在的留尼汪岛），所以得名。

　　波旁月季在现在也是人气很高的月季系统，许多品种攀援生长，从春季一季开花的，到稍有反复开花的，再到完全四季开花的，品种非常丰富。波旁月季的枝叶特征与大马士革玫瑰大为不同，接近现代攀援月季。知名品种有花型美丽的杯开型'雷内的维多利亚'（'la Reine Victoria'），开花特别多、栽植效果壮观的'波旁女王'（'Bourbon Queen'），再就是完全四季开花的'马尔迈松的纪念'。

　　攀援树形品种适于墙面和窗栏缠绕，特别是花架最能呈现生长效果。波旁月季的大多数品种都具有很强的芳香性，是芳香景观设计的上好素材。

与波旁月季同源的月季系统还有波特兰玫瑰（Portland Rose），它是庚申月季的四季开花性导入西洋玫瑰的最初月季系统，在月季历史中占有非常重要的地位。除个别品种外，波特兰玫瑰的四季开花性都很强，而且树形紧凑。现在知名的品种有'尚博得伯爵'（'Comte de Chambord'）、'雅克卡地亚'（'Jacques Cartier'）等。多数品种具有强香，花型也美丽。虽然现存波特兰玫瑰系列的月季品种已为数不多，但都各具特点，魅力无限。

波旁月季和波特兰玫瑰与庚申月季杂交的早期品种要在防病方面特别注意。这一点对杂交四季蔷薇和苔藓玫瑰系统的品种也一样。但这些系统的月季品种实在太有魅力，所以，考虑到它们在月季历史和文化遗产方面的价值，抗病性弱的缺点就显得微乎其微了。

庚申月季到欧洲对当时的玫瑰爱好者、特别是育种者刺激强烈，但是，到完全四季开花大花品种的杂交茶香月季的诞生，还是经历了一段很长时间的各种尝试和失败重复。最初尝试成功的波旁月季和波特兰玫瑰从那么久远的过去就一如既往地绽放美花，持续芳香的古老月季也至今萦绕在我们的生活中。

第五节
拿破仑妻子对月季繁育的贡献

　　自古一直受众人喜爱的月季得以飞跃发展是在 19 世纪,可谓"月季的文艺复兴"时期。之所以这么说,最主要的原因是不断有新品种发表。在此时期,对月季的栽培、发展和品种收集做出最大贡献的是拿破仑的妻子、法兰西第一帝国皇后——约瑟芬·德博阿尔内(Joséphine de Beauharnais, 1763 ～ 1814)。

　　约瑟芬喜欢各种植物,尤其热爱月季。她向世界各国派遣植物猎人,从拿破仑战争的任何所到之国都收集月季苗木。不仅欧洲,中国、日本等国家都是她收集月季的地方。1801 年,她将巴黎郊外的马尔迈松老宅改造成宫廷庭院,收集的月季品种都通过园艺家们种植在她的庭院里,仅玫瑰就有近 300 个品种。

　　约瑟芬集中了许多植物学者和园艺家,支持他们推进月季研究。其中有一位叫安德雷·都朋(Andre Dupont)的园艺家,他通过人工授粉确立的月季育种技术,对以后四季开花的月季品种改良产生了重大影响。在此之前,一直只通过自然杂交和芽变增加新品种。1791 年的法国品种目录中只有 25 种,到 1829 年就增加到 4000 种。

　　约瑟芬对玫瑰的贡献还在于她没有忘记对月季品种的纪录,她培养了玫瑰画家皮埃尔·约瑟夫·雷杜德(Pierre-Joseph Redouté)。

约瑟芬让雷杜德根据庭院里的月季，画出了《月季图谱》，留下了169个品种的月季画，品质很高，成为纪录当时月季品种的珍贵资料。雷杜德生于比利时圣胡伯特，在巴黎逝世，是一位比利时画家和植物学家，至今，他仍被评价为植物艺术的天才画家。

约瑟芬·德博阿尔内皇后1763年生于当时法国殖民地马提尼克岛的贵族家庭，1796年与拿破仑·波拿巴结婚，成为拿破仑的第一任妻子，法兰西第一帝国的皇后。由于出身富裕，她挥金如土，深深痴迷于奢侈的饮食、服饰，以及植物的收集和栽培。

约瑟芬没孩子，所以被离婚，晚年就和月季生活在一起。继承她对月季的伟大功绩，月季园在后来大为发展。1850年已有千叶玫瑰400种，中国月季1700种，波旁月季500种，诺伊塞特玫瑰350种，阿尔巴玫瑰200种，密刺蔷薇（*R. spinosissima*）1500种，茶香月季1500种。如此的发展形势为以后的月季栽培奠定了坚实基础。

位于巴黎郊外的马尔迈松城堡

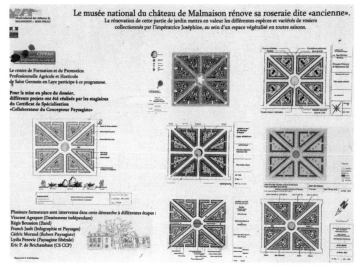

马尔迈松城堡月季园平面图

　　为纪念约瑟芬庭院，一种具有波旁月季风格的人气品种被命名
为'马尔迈松的纪念'。拿破仑时代已成为历史，但今天，约瑟芬
庭院中的月季仍在开花，释放着芳香。

'马尔迈松的纪念' 'Souvenir de la malmaison'

中文名称：马尔迈松的纪念

学　　名：*R*.'Souvenir de la malmaison'

别　　名：美丽芳香女王（Queen of Beauty and Fragrance）

获　　奖：世界月季联合会古老月季荣誉殿堂品种

种　　类：波旁月季（B）

香　　味：强香

香　　型：大马士革古典香型，甜甜的浓香

原 产 地：法国

年　　代：1843 年以前

培 育 者：Jean Beluze

花　　色：淡粉色，随着花开褪色成白色，色彩层次柔和

花　　径：10cm

花　　型：重瓣，四分丛生型

树　　高：1m

树　　形：树形图 1 号"四季开花树形"，紧凑

花　　季：四季开花，花期长

长　　势：弱

栽培难度：适合中级者

应　　用：适合盆栽

交配亲本：Mme Desprez x Tea

‘马尔迈松的纪念’（‘Souvenir de la malmaison’）

第六节
月季的分类

一、月季品种的数量

当今全世界到底有多少月季品种是难以准确统计的，因为随时都有新品种推出，仅就流通中的月季品种保守测算，大约有近 3 万种。

月季育种者们在世界各地不断发表新品种，国际权威月季品种名鉴《Modern Roses》（美国月季协会、国际月季品种登录局发行）收录了 25000 余种月季品种和原种。虽然有些品种在淘汰，实际栽培的品种比收录的少，但也有数千种月季得到种植和生产。笔者通过国际交流考察活动和进口科研用途月季苗木积累制作的名录也有千余品种。

目前世界上收集月季品种数量最多的是德国桑格豪森月季园，栽有 8300 个品种的 75000 株月季。

桑格豪森是个人口只有 3.1 万的小城，面积 207.63km²，位于德国东部，哈茨山东南、哈雷以西 48km，那里最著名的就是有一个世界之最的月季园，也就是中国旅游信息上的欧洲玫瑰园（Europa

Rosarium Sangerhausen）。

桑格豪森月季园建于 1903 年，面积 12hm^2，坐落于山丘上，位置优越。月季园主要以收集品种为目的，管理标准并不精细，开花状态的观赏价值也许不如许多其他月季园。

其他以品种多为特点的还有日本岐阜月季园，面积 80hm^2，栽有 7 000 个品种的 3 万株月季。这里曾一度超过桑格豪森月季园而达到近 1 万个品种，且开花状态饱满，观赏价值高。

岐阜月季园的规划始于 1984 年，是县营城市公园，全面开放设定在 10 年后的 1993 年。1995 年春举办岐阜花节，次年成为收费公园，公园名称从原来以地名命名的"可儿公园"改为花节纪念公园（Flower Festival Commemorative Park）。该园于 2003 年获得世界月季联合会优秀月季园奖，2005 年与爱知博览会同期举办岐阜花节，花节时间比博览会短，却吸引了比博览会更多的游客。

岐阜月季园内设有 17 个主题月季园，在"新品种月季园"可以最早看到世界各国的月季品种新作；"水的迷宫和月季回廊"构成了规则式的礼仪庭院；"月季竞赛举办庭院"栽植着获奖的月季品种；"皇家月季园"是以各国王族命名的月季品种；"蓝月季庭院"展示意为"不可能"的蓝月季培育历史；"品种月季园"介绍世界著名月季育种家和他们培育的品种；"友谊月季园"纪念与英国皇家月季协会达成合作，所有资材从英国进口，并采用了英国式砌砖手法；"约瑟芬月季园"纪念为月季育种做出杰出贡献的法兰西第一帝国皇后约瑟芬；"露台庭院"采用意大利露台庭院手法修景，攀援月季爬满台阶状的堆石，展示立体月季空间；"摩洛哥王国月季园"用摩洛哥传统蓝色瓷砖装饰大门，栽植摩洛哥王国寄赠的月季；"安妮庭院"纪念《安妮日记》的作者，栽植着 1990 年比利时德尔福奇（Delforge）为纪念安妮而培育的'纪念安妮'（'Souvenir d'Anne Frank'）月季。其他还有月季瀑布庭院、水与月季之庭、古老月季园、

草坪月季园、芳香月季园、白玫瑰园。最近还建成了大家熟悉的美
国作家、画家塔莎·杜朵（Tasha Tudor）庭院。

岐阜月季园（摄于 2012 年 6 月 2 日）

二、月季分类法

月季的分类没有一定之规，首先，可以按野生原种和园艺品种分为两大类，按野生原种产地，又可区分为欧洲、西亚、中国、日本、北美。

针对月季的园艺品种，"法兰西"的发表划分了古老月季和现代月季，1867 年以前培育的属于古老月季（Old Roses），也叫古典月季，1867 年以后培育的就是现代月季（Modern Roses）。

园艺品种一般按杂交系统分类，有杂交茶香（Hybrid Tea）、丰花（Fioribunda）、迷你（Mini）、攀援（Cl）等。

三、月季家谱

现代月季有 45 个基因系统，简单归纳为以下"月季杂交系统图"。

四、常见月季类别

现在常见的月季分类主要有杂交茶香月季（HT）、丰花月季（F）、灌木月季（S）、攀援月季（Cl）、迷你月季（Min）等。最多见的杂交茶香月季已简称为"茶香月季"，其实，"茶香月季"也是一个单独的月季类别，更是杂交茶香月季的前身。

1. 杂交茶香月季（HT，Hybrid Tea Rose）

在介绍杂交茶香月季之前，我们需要先了解一下其前身的两个月季类别，四季蔷薇（HP）和茶香月季（T）。

四季蔷薇（HP，Hybrid Perpetual Rose）是含有中国月季基因的月季类别，它包括中国月季和中国月季杂交的杂交中国月季（Hybrid China Rose），还有大马士革玫瑰的自然杂交品种、杂交中国月季与加利卡玫瑰的杂交品种，以及杂交中国月季与大马士革玫瑰自然杂交品种为起源的各种杂交培育品种。

"四季蔷薇"是四季开花杂交品种的意思，但这类月季其实并非从春到秋持续开花，而是具有春天开花、秋季再开的特性。

四季蔷薇花大，同时具有多花性，是耐寒性和抗病性都优越的强健品种系统。从 19 世纪后期到 20 世纪初，鼎盛时期据说有 2500 个品种。伴随杂交茶香月季的诞生，四季蔷薇结束了它的历史使命。现在，四季蔷薇的栽培已非常罕见。

四季蔷薇的代表品种有'布罗德男爵'（'Baron Girod de l'Ain'）、'罗斯柴尔德男爵夫人'（'Baroness Rothscild'）、'费迪南德比查德'（'Ferdinand Pichard'）、'哥罗瓦戴杜歇'（'Gloie de Ducher Ducher'）等。

茶香月季（T，Tea Rose）的基础是庚申月季和大花香水月季。

茶香月季的名称源于它优雅而浓厚的红茶香气，再加上花色丰富，从 19 世纪到 20 世纪初，王侯贵族的院落都主要种植茶香月季。随着时代变迁，新品种的茶香月季不断改良和推出，如无论什么条件都能栽培的品种，耐性强的品种，色彩更加明亮、大胆和显眼的品种，还有花径大、香气好、剑瓣、高蕊等许多品种。

中国月季具有剑瓣和花冠整齐的特点，更重要的是它四季开花的特性吸引了园艺家们。中国月季与当时欧洲栽培的所有月季品种杂交，成就了杂交茶香月季（HT）系统。

月季杂交系统图

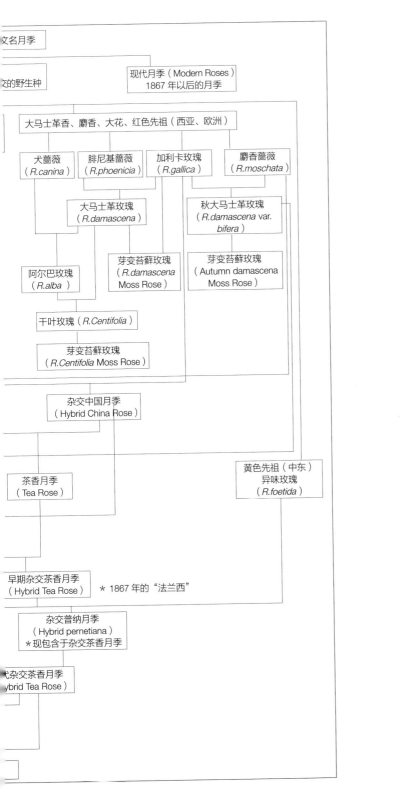

文名月季

的野生种

现代月季（Modern Roses）
1867 年以后的月季

大马士革香、麝香、大花、红色先祖（西亚、欧洲）

犬蔷薇
（R.canina）

腓尼基蔷薇
（R.phoenicia）

加利卡玫瑰
（R.gallica）

麝香蔷薇
（R.moschata）

大马士革玫瑰
（R.damascena）

秋大马士革玫瑰
（R.damascena var.
bifera）

芽变苔藓玫瑰
（R.damascena
Moss Rose）

芽变苔藓玫瑰
（Autumn damascena
Moss Rose）

阿尔巴玫瑰
（R.alba）

千叶玫瑰（R.Centifolia）

芽变苔藓玫瑰
（R.Centifolia Moss Rose）

杂交中国月季
（Hybrid China Rose）

茶香月季
（Tea Rose）

黄色先祖（中东）
异味玫瑰
（R.foetida）

早期杂交茶香月季
（Hybrid Tea Rose）

＊1867 年的"法兰西"

杂交普纳月季
（Hybrid pernetiana）
＊现包含于杂交茶香月季

杂交茶香月季
（Hybrid Tea Rose）

茶香月季是古老月季向杂交茶香月季的过渡，开启了现代月季之路。在此意义之上，中国月季对世界月季的历史发展起到了不可磨灭的重大作用。

茶香月季的代表品种有'希灵登夫人'（'Lady Hillingdon'）、'莎法诺'（'Safrano'）、'布拉班特公爵夫人'（'Duchesse de Brabant'）等。

杂交茶香月季（HT）由茶香月季（T）与四季蔷薇（HP）杂交而成，在所有月季类别中花径最大，枝细、刺少，大多数品种每条花茎上只开一朵花，适合切花生产。

杂交茶香月季花色丰富，花型多样，耐性强，花期长。仅就花色而言，除天然蓝色之外，所有花色的品种都已培育成功。近年来，育种者已不只满足于对花色和耐性的追求，他们开始重视月季的香味特性。同时，芳香科学领域在快速发展，研究成果不断涌现，对培育芳香杂交茶香月季品种也起到了推动作用。

杂交茶香月季的代表品种有'法兰西'（'la France'）、'芳纯'（'Hoh-Jun'）、'蓝月'（'Blue Moon'）、'和平'（'Peace'）等。

'法兰西'是第1号现代月季，也是四季开花大花月季的基础名花，在芳香性方面，更享有'大马士单香和茶香的婚礼'之赞。

它花径大，花型剑瓣，花瓣数达45枚之多，有时可达60枚。花色粉红，花瓣背面会随风变幻成粉红色，充分表现了古典月季的风韵。

植株是纯正的直立形，在树形图上为1号"四季开花树形"。

第 1 号现代月季 '法兰西' 'la France'

中文名称: 法兰西
学　　名: *R.* 'la France'
种　　类: 杂交茶香月季（HT）
香　　味: 强香
香　　型: 大马士革现代香型
年　　代: 1867 年
育 种 者: Jean-Baptiste Guillot
原 产 地: 法国
花　　色: 粉色
花　　径: 10cm
花　　季: 四季开花
花　　型: 剑瓣，高蕊型开花
树　　高: 1.2 ～ 1.5 m
树　　形: 树形图 1 号"四季开花树形"，具有半横向伸展性
树　　势: 一般
交配亲本: Mme Victor Verdier × Mme Brav

'法兰西'（la France）

2. 丰花月季（F, Floribunda Rose）

丰花月季是从杂交茶香月季培育发展而来，所以，在今天看来，两者已没有太大区别，更多品种介于两者之间。基本特性是四季开花，花径 5cm～8cm，团簇开花，树高在 60cm～120cm。

丰花月季花色丰富，长势强健。利用如此特点，多用于庭院和建筑外围、绿地草坪等，可实现富有生气和活泼的植物色彩搭配。在有些国家和地区，丰花月季的应用甚至比主流的杂交茶香月季更为广泛。而且除庭院栽植外，还有开辟切花用途的，枝条长且放射状开花的品种受到特别关注。

丰花月季的代表品种有'天川'（'Amanogawa'）、'太阳仙子'（'Friesia'）、'阴谋'（'Intrigue'）等。

'阴谋'是一种芳香浓郁的丰花月季。它罕见的红得发紫的花色结合强香的特质形成独特魅力，充分表现了花名蕴含的计谋氛围，让人不禁倒抽一口冷气。

它在丰花月季中属于开花少的，但枝条挺立也是丰花月季中少见的。并不太适合庭院栽植，而且特别要注意黑斑病，真可谓"阴谋"的妖艳和浓香赋予了它让人难以抵抗的危险魅力。

'阴谋'（Intrigue）

浓香丰花月季 '阴谋' 'Intrigue'

中文名称：阴谋

学　　名：R. 'Intrigue'

种　　类：丰花月季（F）

香　　味：强香

香　　型：大马士革现代香型

获　　奖：1984 年 AARS 奖

原 产 地：美国

年　　代：1982 年

培 育 者：William A. Warriner（J&P）

花　　色：深红。低温期花色浓艳，高温期呈现强势的红色

花　　径：10cm

花　　型：重瓣，花瓣数约为 35 枚，半剑瓣开花

树　　高：1 ～ 1.2 m

树　　形：树形图 1 号"四季开花树形"，半直立，具有半横展性，植株比较紧凑

花　　季：四季开花

长　　势：强健。多头花团簇开放，多花，生长旺盛，容易栽培。耐寒性和耐暑性都强

应　　用：适合花坛、盆栽

交配亲本：White Masterpiece × Heirloom

3. 攀援月季（Cl, Climbing Rose）

攀援月季的先祖是光叶蔷薇和日本多花蔷薇，在介绍到欧美后交配而成。

现代攀缘月季包括三大类，一类是蔓性月季（Rambler），大多一季开花，小花到中花的品种开花多，大花到中花的有四季开花品种；第二类是枝干可伸长到 2m 以上的大花系列；第三类是突然发生变异而形成的攀援月季芽变品种。

'红衣主教黎塞留' 'Cardinal de Richelieu'

中文名称：红衣主教黎塞留

学　　名：R.'Cardinal de Richelieu'

别　　名：Cardinal Richelieu、Rose Van Sian

种　　类：杂交加利卡玫瑰（HGal）

香　　味：强香

香　　型：大马士革香型，好像烧海苔的香气

原 产 地：比利时

年　　代：1847 年以前

培 育 者：Louis-Joseph-Ghislain Parmentier

花　　色：紫红色，背面白色。随着花朵绽放变成紫色，花朵全开时呈现深紫色，化败也不褪色，深紫色花瓣一枚枚落下

花　　径：6～8cm

花　　型：重瓣，花瓣 60 枚。圆瓣，全开后花瓣边缘卷曲

树　　高：1～1.5 m

树　　形：树形图 5 号的"加利卡树形"，半攀援

花　　季：一季开花，4 月下旬到 5 月上旬早开，花朵可保持 8～13 天，花期仅 15～20 天

长　　势：强健。攀援枝伸展性很强，容易栽培，刺少。抗病性不弱，但早晚温差在 10℃以上时马上会出现白粉病

栽　　培：有时会开出无香的花朵，是因为缺氮和磷，而不是因为氧气不足

应　　用：匍匐性强，适于篱墙和丝网

交配亲本：不详

　　攀援月季在欧洲历时悠久，代表品种有'攀援查尔斯顿'（'Charlston Climbing'）、'攀援希灵登夫人'（'Lady Hillingdon Climbing'）、'攀援海伦特劳贝尔'（'Helen Traubel Climbing'）、'红衣主教黎塞留'（'Cardinal de Richelieu'）等。

　　'红衣主教黎塞留'是最古老的紫色系月季，也是攀援月季中具有浓郁芳香的。从色相分析得知，紫色是离红色最远的，即使有时红色调显出强势，但也会马上变深。伴随花朵绽放，红色消失。

　　'红衣主教黎塞留'属于加利卡玫瑰基因的品种，与其他加利卡系列玫瑰相比，枝条更加纤细、柔软，呈蔓生状态，需要支撑。花型是碎花绽放，如果能修剪打理成小型植株，密集地开出可爱的花朵，将最能呈现它的精彩。而且，飘散浓厚香气的特点让它更添魅力。

　　花名与历史名人黎塞留并无直接关系，命名源于当时法国侯爵装束以紫色为高贵。

'红衣主教黎塞留'（'Cardinal de Richelieu'）

4. 迷你月季（Min，Miniature Rose）

迷你庚申月季（*R. chinens 'Minima'*）与多花蔷薇（Pol，Polyantha Rose）交配后成就了迷你月季系统的月季品种。多花蔷薇也是含有中国基因的月季类别，其名称容易与日本多花蔷薇混淆，它是日本多花蔷薇和中国庚申月季交配而成。代表品种有'塞西尔布伦纳'（'Cecile Brunner'）、'火热激情'（'Fireglow'）、'仙女'（'The Fairy'）、'米奥奈特'（'Mignonette'）等。

第1号多花蔷薇是培育'法兰西'的杂交茶香月季创始人特洛特于1875年培育发表的'帕克雷特'（'Paquerette'），其交配亲本是日本多花蔷薇和庚申月季的矮化变种迷你庚申月季。培育之初，因交配亲本的日本多花蔷薇（*Rosa multiflora*）的学名被错译成多花蔷薇（*Rosa polyantha*），所以，这个系统的月季就被叫成了"多花蔷薇"。

日本的迷你月季历史比欧洲更为悠久，早在江户时代（1603年～1868年）就有矮化月季的种植，叫"鱼子"。鱼子月季可能是由迷你庚申月季的种子自然长成的，是迷你庚申月季的自然繁殖种。

迷你月季的花瓣和花冠都小而优雅，树形匀称，整体感强。叶片纤细，有高档的感觉。花色浓淡丰富，有柔和的粉色、白色、红色等。花型有单瓣和重瓣，从春到夏持续开花，植株高约30cm，刺多。代表品种有'小白克拉'（'Baby Baccara'）、'橙梅兰迪娜'（'Orange Meillandina'）、'不眠芳香'（'Overnight Scentsation'）、'小蛋糕'（'Short Cake'）等。

近年来，因适合家庭小庭院栽植，迷你月季人气大升，特别是丹麦、德国培育的微型盆花月季品种使月季的室内应用成为可能。

月季开花不能缺少光照，室内应用尤为困难。非自然栽培的月季生产需采取补光措施，温室生产月季盆花则成本巨大。但微型盆花的月季品种仍在不断改良，出现了大花品种和微花品种等，以满足各种文化国度的市场需求。

要注意的是，微型月季与迷你月季不是一个概念。微型月季是对迷你月季的人工改良，其主要特点是非自然栽培，也叫"电照栽培"，就是采用补光和多次喷施矮化剂等特殊温室生产设备和手段实现周年生产。

微型月季产品外形整齐，直径6cm花盆的微型月季株高只有十几厘米，但也开满了花朵。

微型月季目前在欧洲和日本都很流行，中国也正在尝试和掌握微型盆花月季的生产技术。微型月季需要设施生产，人工管理温度、湿度、调配土壤和水肥，还有机械化修剪和扦插繁殖等工序。生产周期4个月，如果组织合理、技术到位，加之生产周期短，可带来较好的经济效益。

盆径6cm的微型月季，与眼镜对比可见其大小

第 1 号多花蔷薇是'帕克雷特'，四季开花，花小，团簇绽放，直立形，抗病性强，是在耐寒、耐暑、耐干方面都具优越性的强健品种。几年后的 1880 年，特洛特又发表了'米奥奈特'（'Mignonette'），据说，是与'帕克雷特'同时培育的。

法语花名"米奥奈特"的意思是"小可爱"，"Mignon（ne）"在法语中是对少女说的"可爱"之意，Mignonette 的词尾表示更小。

因为是与茶香月季杂交而成，所以与名花'粉妆楼'（'Fen Zhuang Lou'）颇为相像。

多花蔷薇'米奥奈特''Mignonette'

中文名称：米奥奈特
学　　名：R.'Mignonette'
种　　类：多花蔷薇（Pol）
香　　味：香
香　　型：日本多花蔷薇的香气
原 产 地：法国
年　　代：1880 年
培 育 者：Guillot
花　　色：淡粉，开花后变成白色
花　　径：4cm
花　　型：重瓣，花多，花密，丛生型开花
树　　高：寒冷地区 50cm，温暖地区 90cm。早期的多
　　　　　花蔷薇身高都比较矮
树　　形：树形图 1 号"四季开花树形"，紧凑
花　　季：四季开花
长　　势：强健，从春到夏、到秋都强健。冬天枝条雪埋
　　　　　可能受伤，但植株根部会出现许多新生儿般的
　　　　　枝条，与旧枝交替
应　　用：适合盆栽、庭院栽植
交配亲本：推测是 R. chinensis × R. multiflora 的杂交二代

'米奥奈特'（'Mignonette'）

第七节
世界知名月季育种家

世界有几大代表性的月季育种家族或育种家，育种家之间的意外联系成为诞生名花的舞台背景。了解月季的后台之事，使月季变得更加趣味横生。

一、法国梅昂（Meilland）

梅昂是世界著名的法国月季育种家族，历经几代人的努力，创造了华彩绝伦的月季世界。

第一次世界大战结束之后，安托万·梅昂（Antoine Meilland，1884～1971）建立了自己的育种苗圃，并与美国康纳德·帕利（Conard Pyle Roses）公司合作，在美国销售梅昂月季。康纳德·帕利公司是当今世界著名月季企业"星之玫瑰与植物"（Star Roses & Plants）的前身，它培育了色彩丰富的最皮实月季——'冲击'（'Kncokout'）系列丰花月季。

以美国加利福尼亚州别称命名的'金州'（'Golden State'）是安托万·梅昂培育的第一个大获成功的月季品种，并在法国巴格代拉玫瑰园（la Roseraie de Bagatelle）的月季竞赛中获得金奖。

培育'弗朗西斯迪布勒伊'（'Francis Dubreuil'）等月季品种的弗朗西斯·迪布勒伊（Francis Dubreuil）是安托万·梅昂的岳父，二人也是师徒关系。'弗朗西斯迪布勒伊'是茶香月季中罕见的猩红美花，大马士革果香的芳醇配以垂头杯型开花的美姿，与其横展的乱枝形成自然印象，极具魅力。

培育名花'和平'（Peace）的是安托万·梅昂的儿子弗朗西斯·梅昂。与弗朗西斯·梅昂成婚的玛丽-路易斯·梅昂（Marie-Louise Meilland）也是位育种者，培育了'彼埃尔·德·龙沙'（'Pierre de Ronsard'）等月季品种。

弗朗西斯·梅昂于1935年到1939年间培育的杂交茶香月季'安托万·梅昂夫人'（Madame Antoine Meilland）香气柔和，第二次世界大战之后博得人气，英语圈各国称其为'和平'，代表和平的尊严，饱含人们对和平的祈愿。

和平月季贯穿自第二次世界大战至今的月季史。

和平月季的花朵很美，如果能在夜里温度下降时巧妙栽培，将绽放世间意想不到的美。有人说，如果被问道，只能种一株月季，你种什么？那回答一定是'和平'。'和平'是第1号被选入世界荣誉殿堂的月季。

二战前夕，在法国的美国代办询问梅昂家，要不要把一些东西转移到美国。当时，法国人都在千方百计地转移自家的金银财宝，但梅昂家族只拜托美国代办将培育的月季转移到美国种植。

和平月季随美国代办渡美，种遍美国各州，长势甚好，进而得到推广。美国代办把梅昂月季交给各州种植时，和当地生产者都说好，他们每卖出一株梅昂月季，就要交给他一美元。后来，生产者们都履行了诺言，按和平月季的实际销售量向美国代办付了款。这种收费方式，其实与现在的品种保护费相似，按销售量收费，但隐瞒销售量，会使月季市场不能正常发展。

　　二战结束后，美国代办将销售梅昂月季收取的美元全部交给梅昂家，梅昂家用这笔钱在里昂建设了今天向世界各国输送梅昂月季的生产基地。

　　和平月季本为纪念育种者的母亲，以"梅昂夫人"命名，但后来卖到世界各国之后，就有了不同的称谓。

　　1945 年初，梅昂写信给二战中的英国陆军元帅艾伦·布鲁克，感谢布鲁克为解放法兰西起到的重要作用，询问是否可以用布鲁克的名字命名'梅昂夫人'月季，布鲁克拒绝了，并解释说，他的名字会很快被忘记，不如叫'和平'。

　　非常遗憾的是，培育和平月季的弗朗西斯·梅昂早逝，当时他的儿子阿兰·梅昂（Alain Meilland）只有 18 岁，正在英国留学。阿兰·梅昂被叫回法国，继承了父亲的事业。祖父开始作为代替父亲的角色培养阿兰·梅昂。

　　阿兰·梅昂有个妹妹，叫米歇尔·梅昂（Michel Meilland），月季"米歇尔·梅昂"（Michele Meilland）是父亲弗朗西斯·梅昂献给女儿的。米歇尔与其他育种公司家的儿子理查德尔（Richardier）结婚，成立了梅昂·理查德尔（Meilland Richardier）公司。所以，在梅昂月季的产品目录中，总有"梅昂国际"和"梅昂理查德尔"两个企业的名字。

二、德国柯德斯（Kordes）

　　柯德斯是与梅昂齐名的世界著名育种企业之一。

　　柯德斯公司的开端是 1887 年威廉·柯德斯一世（Wilhelm Kordes，1865 ～ 1935）在德国北部的埃尔姆斯霍尔恩（Elmshorn）兴建的苗圃。该地区可保证充分的土地规模，还有降雨量充沛这一

'和平'（'Peace'）

'和平' 'Peace'

中文名称：和平
学　　名：R.'Peace'
获　　奖：1976 年进入月季荣誉殿堂
种　　类：杂交茶香月季（HT）
香　　味：香
香　　型：果香型，香气清爽
年　　代：1935 年
育 种 者：Francis Meilland
原 产 地：法国
花　　色：黄色，花朵边缘为桃色
花　　径：15cm
花　　季：四季开花
花　　型：半剑瓣，高蕊开花
树　　高：1.3m ～ 1.6 m
树　　形：树形图 1 号"四季开花树形"，具有半横展性
树　　势：强健
应　　用：适合花坛、庭院栽植
交配亲本：（（George Dickson × Souv de Claudius
　　　　　Pernet）×（Joanna Hill × Charles P
　　　　　Kilham））× Margaret McGredy

得天独厚的自然条件，适合生产各种苗木。当时，柯德斯公司的月季生产量在其业务中还只占很小的比例。

儿子威廉·柯德斯二世（1891－1976）与赫尔曼·柯德斯一世（Hermann Kordes，1893－1963）兄弟为继承父业在附近的克莱因奥芬塞特 - 斯帕里斯霍普（Klein Offenseth-Sparrieshoop）开拓事业，将公司名称改为威廉·柯德斯之子（Wilhelm Kordes' Söhne）。之后业务发展顺利，1939～1940年间生产月季苗木的规模已达100万株以上。

其后，柯德斯第三代威廉二世之子瑞莫（Reimer）与赫尔曼一世之子赫尔曼二世和维尔纳（Werner）继承家业。到1960年，柯德斯公司的庭院月季苗木生产量已达到每年400万株。

1968年以后，他们下一代的维尔纳三世、蒂姆·赫尔曼（Tim Hermann）、玛格丽塔（Margarita）和伯纳德（Bernd）夫妇等领导公司在育种、销售、生产等多方面持续推出符合时代要求的月季品种，代表品种有进入月季荣誉殿堂的丰花月季品种'冰山'（'Iceberg'）、花姿美丽的杂交茶香月季'新娘之梦'（'Marchenkonigin'）、花多到仿佛要溢出的多花粉红攀援丰花月季'安吉拉'（'Angela'）、地被景观月季'巴西诺'（'Bassino'）等，从大花系列到中花系列、从地被系列到攀援系列，所有系列的月季品种都有，丰富多彩。这些月季品种不仅在本国注重抗寒、抗病性的ADR月季竞赛中获奖，也在世界各权威月季竞赛中屡屡获奖，荣誉辉煌。

近年来，柯德斯公司对古典花形和柔和色调的品种培育投入了很大力量，兼备美丽花姿和耐德国北部严酷气候的品种展现了德国人里实刚健的气质。

自1887年创业以来，柯德斯家族一直坚持培育"世界最美月季"的理念，历经市场的洗练，竞争成为世界屈指可数的月季育种企业，走出欧洲，遍布世界。

　　在柯德斯总部有一间展室，摆放着从威廉·柯德斯一世时代开始的家族照片和在国际月季竞赛中屡次获奖的无数奖牌和奖状，感觉像是历经几代一直庇护着柯德斯家族的传统和荣誉。即使时代变迁，他们的月季仍然从德国向世界传达着柯德斯企业的热情和梦想。

　　'冰山'是世界月季联合会评选的荣誉殿堂品种，世界各地的人们在任何气候和环境条件下都能享受它的美丽和壮观，而且，其优秀的特质在英国月季和灌木月季上都得到了继承。

　　'冰山'虽然微香，但它有着太多让人顾不上其芳香性的优点。要问适合初学者的白色月季是什么，"冰山"是首选，它是初学者也能种好的月季。当然，修剪等管理还是必要的。

　　两年生大苗上直径24cm以上的盆，转年春天即可开出30～50朵花。花朵呈团簇状，纯白花瓣轻盈，让庭院变幻成另一世界。

　　'冰山'具有多花性，所以，花开之后的追肥十分重要。而且，追肥效果也很明显。

　　一朵花一朵花的看过去，再展望一面墙整齐绽放的盛景，你会感受到花名'冰山'的含义。

三、德国坦淘（Tantau）

　　坦淘是与柯德斯世家齐名的又一家德国月季育种企业，于1906年由玛蒂亚斯·坦淘（Mathias Tantau）在德国北部的于特森（Uetersen）创立。

　　玛蒂亚斯曾在园艺公司学习树木和月季砧木的栽培，在知名月季育种者彼得·朗伯（Peter Lambert，1859－1939）的月季园积累了经验。彼得·朗伯曾提倡建设保存古老月季品种的月季园，且协助建设了当今世界品种最多的桑格豪森月季园。

'冰山' 'Iceberg'

中文名称：冰山
学　　名：R. 'Iceberg'
别　　名：白雪公主
种　　类：丰花月季（F）
香　　味：微香
香　　型：温暖的香气
获　　奖：1983 年进入荣誉殿堂
原 产 地：德国
年　　代：1958 年
培 育 者：R. Kordes
花　　色：白色
花　　径：8cm
花　　型：半重瓣，圆瓣，平开，壶型
树　　高：1.3 m
树　　形：树形图 1 号"四季开花树形"，稍有横展性，枝条较细
花　　季：四季开花
长　　势：强健，容易栽培。光叶，不容易得白粉病
应　　用：适于盆栽和庭院栽植
交配亲本：Robin Hood × Virgo

'冰山'（'Iceberg'）

　　玛蒂亚斯回到家乡于特森后，在父亲的土地上创建了园艺公司，成为今日坦淘的开始。

　　公司成立之初是生产月季砧木和苗木，包括美国星之玫瑰公司的月季品种。1914 年产量增加到月季苗木 25 万株，月季砧木 300 万株。可是此时，第一次世界大战爆发，公司发展停滞，生产量剧减。

　　为挽回战争带来的损失，1919 年坦淘开始月季育种业务。尽管之后又受害于第二次世界大战，但新品种培育进展顺利，也获得了很高的评价。

　　玛蒂亚斯去世后，儿子小玛蒂亚斯（Mathias Tantau Jr.）继承家业。非常庆幸的是，小玛蒂亚斯具备育种和经营企业两方面的才能。

　　小玛蒂亚斯在继承父业的基础之上，还努力研究市场，培育了花更大、颜色更鲜艳的月季品种，使坦淘获得了给西德第一代总理康拉德·阿登纳（Konrad Hermann Joseph Adenauer，1876 － 1967）献月季的机会，后来东西德统一时又给总理赫尔穆特·科尔（Helmut Kohl，1930 年 -）献上了月季。

　　1960 年，三文鱼色杂交茶香月季‘超星’（‘Super Star’）发表，引起轰动。今天，在荷兰阿斯米尔（Aalsmeer）拍卖市场的品种目录中仍能看到‘超星’的名字。

　　1964 年，小玛蒂亚斯培育了强香与强健兼备的大花品种月季名花‘蓝月’（‘Blue Moon’）。此时，坦淘已成长为公司职员 70 名、每年生产 300 万株月季苗木的规模企业，在国际月季竞赛上也屡屡获奖。

　　1980 年，一直为坦淘做出贡献的汉斯·尤尔坚·埃巴斯（Hans Jürgen Evers）与其子被选为坦淘第三代经营主，发挥销售和育种方面的丰富经验，引领了企业的发展。现在，儿子克里斯祖（Christian）正在父亲汉斯开拓的道路上迈出更坚挺的步伐。

　　坦淘的育种事业是从庭院月季开始的，如今，在所有类型的庭院月季和切花领域都取得了世界性的成功。

2006 年小玛蒂亚斯不幸逝世，这一年也是坦淘创立 100 周年的日子。走过一个世纪的坦淘公司仍充满活力，并决心要为世界提供更为优秀的月季品种。

坦淘有很多浓香品种，'歌德玫瑰'为其中之一，是献给德国文豪约翰·沃尔夫冈·冯·歌德（Johann Wolfgang von Goethe, 1749 － 1832）的月季，很符合文豪形象，花瓣多至 45 ～ 60 枚，花形颇具豪华感。

四、英国奥斯汀（David Austin）

奥斯汀是世界著名的英国育种企业，由大卫·奥斯汀（David Austin）于 1969 年创建。他致力于杂交育种，开创了古今合一的英国月季，独树一帜。

大卫·奥斯汀从 20 世纪 60 年代开始培育英国月季，结合了古老月季的芳香、雍容典雅的花型和现代月季花期长、色彩丰富等特点，在管理方面兼具古老月季的容易栽培和现代月季的四季开花性，是继承了古老月季和现代月季优点的品种系列。

奥斯汀月季在芳香性方面特点尤为突出，不仅有果香，还有没药香、辛香，且香气浓郁。代表品种"格拉汉托马斯"因芳香性卓越，曾获得英国皇家月季协会（The Royal National Rose Society）对最佳芳香月季品种颁发的亨利·艾德兰德奖（The Henry Edland Award），2000 年又获得英国皇家月季协会（RNRS）颁发的詹姆斯·梅森奖（The James Mason Award），2009 年进入世界月季联合会的荣誉殿堂。

英国月季属于现代月季中的灌木月季，所以，也常被称作"灌

'歌德玫瑰'（'Goethe Rose'）

'歌德玫瑰' 'Goethe Rose'

中文名称：歌德玫瑰

学　　名：R.'Goethe Rose'

种　　类：灌木月季（S）

香　　味：强香

香　　型：大马士革现代香型和果香型为基调的浪漫甜香，加以茶香成分，让
　　　　　香气更加浓郁。稍有没药香，让整体香气协调、融合

获　　奖：2011 年里昂国际月季竞赛获得法国月季协会名誉会长奖和芳香奖等

原 产 地：德国

年　　代：2011 年

培 育 者：Tantau

花　　色：带有紫色的深粉

花　　径：12cm ～ 15cm

花　　型：波纹状花瓣，丛生、杯型开花

树　　高：1.5 m

树　　形：灌木树形的直立型。株高，耸立向上伸展的枝条先端开出一朵大花。
　　　　　有时也有 4 朵花团簇开放的状况

花　　季：四季开花

长　　势：强健，特别对黑斑病抗病性强

应　　用：枝条长，适合用于切花生产

交配亲本：未公布

木月季"，适于月季造园，可攀援在壁面、篱墙、花拱上，更是建造英国月季园的不可缺少和最佳选择。株型、色彩、芳香，与其他乔灌木和花草搭配，呈现的景观令人陶醉。

有时人们把月季分为古老月季、现代月季和英国月季三大类，实际是古老月季和现代月季两大类，英国月季属于现代月季，兼具古老月季和现代月季的特征。

英国月季从 20 世纪 70 年代开始发展，成为英国皇家的骄傲，也在世界上成为英格兰的象征之一。

奥斯汀月季首次进入中国是在 2009 年，通过北京泛洋园艺有限公司代理进口，400 株英国月季落种北京植物园，继而上海植物园、太仓恩钿月季园等也引进种植了英国月季。

在英国月季出现之前的一个世纪里，人们沉浸在现代月季的世界中，英国月季的出现好像一股新风席卷而来。大卫·奥斯汀在 1961 年发表了他的第一个英国月季品种"康斯斯普赖"（Constance Spry），一种绽放淡粉色可爱花朵的月季。之后，大卫·奥斯汀于 1969 年成立了大卫·奥斯汀月季公司，至今已培育和推出了 200 多个英国月季品种。

英国月季刚问世的时候非常昂贵，但近年来已可以买到比较便宜的英国月季了。据说，美丽的贵妇人在英国被称作"英国月季"（English Rose）。

英国月季是大卫·奥斯汀最先培育的，但后来也有其他各国育种家培育英国月季，比如"梅昂宾果"（Bingo Meidiland）是法国的阿兰·梅昂于 1994 年培育的，底色为粉，中央为白，花型单瓣，四季开花，微香。魅力之处是开花多到要挤落的样子，一根枝条能开出 8 ～ 20 朵花，可用作小型攀援月季。它抗病性强，1994 年获 ADR 奖和巴格代拉国际月季竞赛（Concours international de roses nouvelles de Bagatelle）景观月季部门二等奖，1996 年获 AARS 奖。

'英格兰玫瑰' 'England's Rose'

中文名称:	英格兰玫瑰
学　名:	*R.*'England's Rose'
种　类:	灌木月季（S）
香　味:	强香
香　型:	大马士革古典香型，在浓郁的月季甜香中有清新的绿叶之香和丁香气，形成具有辛香味道的豪华芳香
原 产 地:	英国
年　代:	2010 年
培 育 者:	David Austin
花　色:	纯粉红色
花　径:	8cm
花　型:	重瓣，中心花瓣边缘向中心卷，很有魅力。浅杯型开花，外瓣翻卷
树　高:	1.5 m
树　形:	灌木形
花　季:	四季开花，持续开花，从花期开始到季末一直有花，11月还能看到花开，而且花落也显得非常高洁
长　势:	非常强健，生长旺盛。开花不受天气影响，下雨仍然花开完好。能长成大株月季，如果只是轻修剪，可以长得更大
栽培难度:	适合初学者
应　用:	适合栽植月季花境，与宿根花卉混栽也能发挥长处
交配亲本:	不详

'英格兰玫瑰'
（'England's Rose'）

五、美国 J&P（Jackson & Perkins）

全世界有几大月季育种家族，美国有"杰克逊与帕金斯"，一般称作"J&P"。

杰克逊与帕金斯公司成立于1872年，是一位叫查尔斯·帕金斯（Charles H. Perkins，1840－1924）的律师和他的岳父阿尔伯特·杰克逊（Albert E. Jackson，1807－1895）创建的。

初期的 J&P 公司只是个在美国新泽西州纽瓦克市（Newark）的小农场，销售草莓、树莓和葡萄。但是，到了10年后的1882年，帕金斯完全放弃律师业，加入了月季育种者组成的国际俱乐部。他雇用育种者阿尔文·米勒（Alvin Miller）开始专门经营月季育种业务。米勒在1901年培育推出了以帕金斯孙女命名的粉红色攀援月季"桃乐丝帕金斯"（Dorothy Perkins），取得成功。1908年"桃乐丝帕金斯"获英国皇家月季协会最优秀奖，使J&P公司一举成名。到1920年，J&P的业务规模已发展到每年销售25万株月季。

帕金斯隐退之后，他的侄子查理·帕金斯继承了公司，雇用了曾为飞行员的德国血统育种者尤金·伯尔纳（Eugene Boerner）。伯尔纳在寒冷地区长大，他希望培育出像丹麦鲍森（Poulsen）和德国柯德斯那样的强健欧洲月季。

1928年，查理成为公司总裁，雇用法国育种者让·亨利·尼古拉斯（Jean Henri Nicholas）博士领军公司育种业务。伯尔纳和尼古拉斯将杂交茶香月季与强健的多花蔷薇进行杂交，取得了成功，完成了开创丰花月季新系统的伟业。

以出展国际月季博览会为契机，J&P 公司开始发展邮售业务。到20世纪60年代，田舍树莓小农场已成长为发行200万册产品目录的世界屈指可数的月季企业。

随后，伯尔纳培育的品种连续入选全美月季大选 AARS，1944 年'凯·马歇尔'（'Katherine T. Marshall'）入选，1948 年'钻石庆'（'Diamond Jubilee'）、1950 年'时尚'、1952 年'潮流'（Vogue）、1953 年'帕金斯太太'（'Ma Perkins'）、1955 年'吉米尼蟋蟀'（'Jiminy Cricket'）、1957 年'白花束'（'White Bouquet'）、1958 年'金杯'（'Gold Cup'）、1959 年'象牙白'（'Ivory Fashion'）相继入选。伯尔纳培育的月季共有 19 个品种入选 AARS，其中几个品种是在他去世后入选的，如 1964 年'萨拉托加'（'Saratoga'）、1966 年'杏花蜜'（'Apricot Nectar'）、1967 年'盖伊公主'（'Gay Princess'）、1970 年'一等奖'（'First Prize'）等。

1963 年查理·帕金斯去世，伯尔纳继续领导公司 4 年，1966 年 J&P 公司被世界最大的水果邮售公司哈利 & 大卫（Harry & David）收购。

哈利 & 大卫将育种设施迁移到加利福尼亚塔斯廷，1980 年雇用月季育种者威廉·瓦里纳（William Warriner）继续发展育种业务，其作品'爱'（'Love'）、'荣誉'（'Honor'）、'怀抱'（'Cherish'）同时入选 AARS。一位育种家同年 3 品种入选 AARS 前所未闻。

从 1984 年到至今，加利福尼亚的研究所在凯斯·扎里（Keith Zary）博士的领导下每年杂交 50 万个品种，经过长时间的反复试种和选拔，只选择 25 个优秀新品种刊登到产品图册上，发送给 800 万客户。这本图册凝聚了许多优秀月季人成立和发展 J&P 公司的热情和梦想，可谓美国月季梦的实现。

'爱'（'Love'）

'爱' 'Love'

中文名称: 爱
学　　名: R.'Love'
种　　类: 杂交茶香月季（HT）
获　　奖: 1980 年入选 AARS
香　　味: 微香
香　　型: 轻淡
原 产 地: 美国
年　　代: 1980 年
培 育 者: William Warriner
花　　色: 红色，花瓣内侧为白色
花　　径: 12cm
花　　型: 剑瓣高蕊开花
树　　高: 1.2～1.5m
树　　形: 直立形
花　　季: 四季开花
长　　势: 强健，花多，花期长
栽培难度: 适合初学者
应　　用: 适于庭院和盆栽
交配亲本: 实生 ×Redgold

六、日本铃木省三

铃木省三（Seizo Suzuki, 1913－2000）是日本著名月季育种家和月季研究权威，有"月季先生"（Mr. Rose）之称。

铃木先生 1913 年出生于东京，中学毕业后就在园艺学校学习造园、育种等。园艺学校即将毕业时到园艺公司实习，其间，对月季产生了兴趣。1938 年，他创建"等々力月季园"，并开始了月季的生产和育种。战后，他参加各地的月季展，并从京成地铁公司得到谷津游园改建月季园的设计工作。1959 年，如今为日本最大月季企业的京成月季园建成，铃木先生担任研究所所长。1974 年等々力月季园关张，以后，他就一直以京成月季园为基地育种，一生共培育了 129 种月季。

2013 年 11 月 3 日，笔者参加了铃木省三诞辰 100 周年纪念会。铃木先生和梅昂家族交往已久，所以，会上就由梅昂国际现总裁阿兰·梅昂做了纪念发言，题目是，"他是那么伟大的绅士"（What a gentleman）。

阿兰先生富有诗意的演讲，感动了在场的每一个人。

铃木先生的贡献不仅是培育了 129 种月季，他与世界各国的月季育种家结为知己，保护植物品种的知识产权和育种者的权益。在他不懈的共同努力之下，1978 年日本终于制定种苗法，实现了品种保护，使日本园艺得以真正走向世界。

此外，我们还可以从另一件事看到铃木先生的远见。

东京旁边的千叶县有个历史文化名城叫佐仓，2008 年秋，世界月季联合会负责远东地区事务的津下孝正副主席得知上海附近的太仓市正在规划纪念中国月季夫人的恩钿月季园，就与坐落佐仓的草

他是那么伟大的绅士（What a gentleman）
－－阿兰·梅昂

他的梦想，不久变成了执着的信念
那个梦想，沿着自然的轨迹，在世界各国结识了亲友
执着的信念是植物，在所有植物中，他只朝月季走去
为了在国外交朋友，他在广阔的世界旅行，把朋友邀请到日本，
邀请到他的身边
他和世界各国的月季组织一条心
在日本，还有世界的新品种竞赛中推出他的作品
他看到的梦，他拥抱的理想，又充实了他的信念
在日本他得到了广泛认可
月季专利，把国外的月季带给日本，那是伟大的功绩
他的愿望
是为世界培育出日本的月季，为热爱月季的日本人带来世界的
月季
今天，仍充满他的执着信念
今天，他的梦想实现了
是啊，只有你，才配拥有"月季先生"的名字

笛之丘月季园商议，能否和太仓的恩钿月季园结为友好月季园。这件事得到了佐仓市厥和雄市长和鎌田富雄副市长的大力支持。

为使佐仓草笛之丘月季园和太仓恩钿月季园结为友好月季园，太仓派笔者做中方代表，佐仓派日本月季文化研究所前原克彦所长做日方代表，共同参与了缔结友好园的工作。

日本月季文化研究所位于草笛之丘月季园内，从事世界古老月季品种的收集和研究活动，它是为继承铃木先生的思想而成立的，所长前原克彦是铃木先生的弟子之一。铃木先生曾说，"没有月季博物馆就不能说是文化国度"。为成立月季博物馆，前原所长接纳了铃木先生的月季品种，与每年几千人的志愿者一道，为全球月季事业做出了贡献，由此可见铃木先生的远见。

副市长鎌田富雄是位农学家，非常重视对古老植物品种等非物质文化遗产的保存，对日本月季博物馆的建设事业非常支持。他说，日本从世界各地收集中国古老月季，终将有一天是要归还给中国的。

为感谢佐仓赠送铃木省三培育的月季品种给恩钿月季园，笔者代表太仓在东京宴请佐仓市长和副市长，席间得知，佐仓和太仓可谓缘分重重，太仓的"太"指的是皇上，仓是粮仓，因为太仓风水好，过去曾是皇上的粮仓。佐仓过去叫麻仓，因为产麻好，曾是给皇宫送麻的地方，被称作麻仓。麻仓的"麻"念"阿萨"，而佐仓的"佐"念"萨"，佐仓的由来就是麻仓念丢了一个"阿"字。总之，佐仓也是皇上的资源库。

'月季先生'出自京成月季园的年轻育种者之手，日本第三代育种者武内俊介培育出这个品种献给铃木省三先生，向日本初代育种家致以崇高的敬意。

1986 年 11 月，铃木先生来到新西兰南岛蒂姆卡（Temuka）坎特伯雷（Canterbury）地区南部的一个田园小镇，距离基督城（Christchurch）142 公里，两小时车程。这里住着古老月季权威、古老月季收集家特雷弗·格里菲斯（Trevor Griffiths）。铃木先生拜访了格里菲斯先生，并参观了他的月季园。

　　参观特雷弗·格里菲斯月季园的时候，当地记者来采访，次日就在报纸第一版和第二版登出了特雷弗·格里菲斯和铃木先生的合影及相关介绍，用了"月季先生（Mr. Rose）"一词描述铃木先生。报道中写道，如果有谁创造了"花语"，那一定是在昨天的蒂姆卡。毫无疑问，那是在特雷弗·格里菲斯庭院里说的一种语言，这个语言叫"月季"。说这种语言的是日本的客人和当地的新西兰主人，他们用一种国际语言交流，分享着对古老月季的热爱。

作者与佐仓市长蕨和雄（左）合影

作者与前原克彦（右）于草笛之丘月季园

　　10 年之后，日本园艺家龟山宁访问了特雷弗·格里菲斯月季园，看到介绍月季先生的新闻报道，得知铃木先生早已来过。不久之后，他去铃木先生所在的京成月季园研究所开会，待大家都已离去只剩龟山先生的时候，铃木先生对龟山先生说，你的 La Vie en rose 我想试种一下，给我寄过来吧。龟山先生感到无比荣幸，并向铃木先生询问，特雷弗·格里菲斯月季园如何。铃木先生说，没有什么大不了的。铃木先生的评价让龟山先生很惊讶，惊讶一向慈父般的月季先生，同时拥有锐利的眼光和严格的姿态。

龟山宁：日本园艺研究家、育种家、农学名誉博士、皇家英国月季协会名誉会员、美国月季协会终身会员、前法国月季协会会员、前德国月季协会会员、日本全国月季竞赛5次优胜、英国月季育种竞赛"La Vie en rose"优胜。

'月季先生' 'Mister Rose'

中文名称：月季先生
学　　名：R.'Mister Rose'
种　　类：茶香（HT）
香　　味：强香
香　　型：茶香型，茶香中带有很强的古老月季甜香和像柠檬的清爽之香，还有微弱墨香之木香，是一种丰富、深厚的芳香气度。
原 产 地：日本
年　　代：2013 年
培 育 者：武内俊介（京成月季园艺公司）
育种登录：有
花　　色：奶白、粉色
花　　径：12 ～ 13cm
花 瓣 数：50 枚
叶　　色：深绿
花　　型：剑瓣、高蕊型
树　　高：1.5 ～ 1.8m
树　　形：半直立
花　　季：四季开花
形　　象：华美、高雅、贵丽
长　　势：一般
种植难度：一般
应　　用：适合盆栽、庭院栽植
获　　奖：日本越后丘陵公园第四届国际香味月季新品种竞赛银奖；"日本月季协会新品种竞赛（JRC）"铜奖（JRC 为世界月季联合会认证的世界 25 个权威国际月季竞赛之一）

'月季先生'（'Mister Rose'）

第四章

芳香月季品种

第一节
中国芳香月季

　　中国月季（China Rose）是一个月季分类，芳香中国月季是指中国月季中的芳香品种。由于时代久远，有些品种出自于哪里，又与哪些品种进行过杂交已无从考证，但仍能从其茶香特征推测是属于中国月季。

　　中国月季不一定都原产中国，也有其他国家培育的品种。

　　'紫燕飞舞'的最大特点是它的芳香，路过卖场，如果感受到一股强烈的高贵香气袭来，那时，你也许已经在视觉上错过了它，然后你会寻着香气去找它。

　　初夏买来"紫燕飞舞"的一年生新苗，可以用小花钵养半年后再移栽到大花钵。夏天生长很快，转年冬天地栽的时候，"紫燕飞舞"能长到一人高。

　　从月季的名字看，它不是红色月季，而是紫色的。花色基调为粉红色，但有时红色绽放，盛花期过后稍有褪色，就呈现紫色。有人专门喜欢此时的'紫燕飞舞'，做插花色彩配置效果甚好。花容是古老月季的典型，花瓣小，百枚以上重叠绽放，表现着优雅。花开从杯型过渡到丛生型，随着花朵盛开，花朵重量使枝端花朵低头，更显一番情趣。

'紫燕飞舞'具有多花性，花期长，盛夏也开花，确实是非常好的品种。叶片半光泽，几乎没刺，好管理，适合盆栽。枝条长得较长，也适合做花架牵引造型。

20 年前曾在日本《BISES》庭院杂志上连载过两次中国阳台养花的介绍，总编八木波奈子女士说，这本春夏秋冬各一册的季刊杂志之所以起名叫"BISES"，是美化生活的意思。为避免混同景观设计，她还特别解释，景观设计是框住美丽，而美化生活是解放美丽。《BISES》杂志刊登过中国月季专栏，题目叫"真正的中国美"。有一张照片是'紫燕飞舞'，粉中带紫的花朵伴有两三个花蕾，稍显含蓄地正在开花。与豪华和鲜艳的现代月季相比，花朵的大小和稍有倾斜的开花方式都略显逊色，但让人不禁想起东方女性的含蓄之美，因为花色的缘故，略显性感。这就是中国美。

'紫燕飞舞'虽分类到中国月季，但实际上与'粉妆楼'等其他中国月季一样，是否真的是中国月季，尚未做出科学鉴定。

'紫燕飞舞'（'Zi Yan Fei Wu'）

真正的中国美

'紫燕飞舞' 'Zi Yan Fei Wu'

中文名称：紫燕飞舞（别名：四面镜）
学　　名：R. 'Zi Yan Fei Wu'
种　　类：中国月季（Ch）
香　　味：强香
香　　型：茶香型
原 产 地：中国
花　　色：粉红
花　　径：8～10 cm
花　　型：千重瓣、圆瓣、丛生型
树　　高：1～1.5m
树　　形：半攀援、有冠幅的灌丛树形
花　　季：四季开花
抗 病 性：对白粉病抗性较弱，而且，天气开始
　　　　　热的时候，比其他月季早发黑斑病。
　　　　　可用施肥和清理枯叶的办法增加新叶
　　　　　作为对策
交配亲本：不详

　　'月月粉'有'中国月季老三'之称，老大是'宫粉'月季，老二是庚申月季的'月月红'，老三是'月月粉'。

　　'月月粉'是春天第一花的早开品种，且能持续开花到晚秋。庭院里有它，会觉得它一直开着花，四季有花，这确实是中国月季的特点。但是，如果开花持续到寒冬，那春天醒得就要比其他月季稍晚，休眠还是需要的。花色粉红，秋天冷艳，非常具有魅惑力。与'宫粉'月季相似，是3～5朵的多头丛生花，花多，表现出利落的感觉。植株强健，长势旺盛。刺少，不会长得太大，适合盆栽。

　　香味是月季不可缺少的魅力，但如果对月季不甚了解，闻到有香味，也难以说出各品种的香味区别。'月月粉'的香气属于典型

'月月粉'（'Yue Yue Fen'）

的中国古老月季香，是一种平和心境的浓香。

虽说'月月粉'是中国原产的古老月季，但也是比较近期才出现的品种。'月月粉'不是剑瓣、高蕊，但那种丰满的姿态具有亚洲风格。时代不同了，但'月月粉'仍能让人联想到古老的中国。

古老浓香月季
'月月粉' 'Yue Yue Fen'

中文名称：月月粉
学　　名：*R. chinensis* 'Yue Yue Fen'
种　　类：中国月季（Ch）
香　　味：强香
香　　型：茶香型
原 产 地：中国
年　　代：1835 年以前
花　　色：粉红
花　　径：6cm
花　　型：半重瓣
树　　高：1m
树　　形：直立
花　　季：四季开花

为什么说'香粉莲'一花之间带你从现代穿越到古代？它色调复杂、丰富，杏色中模糊隐约着粉色，花瓣边缘好像是染上的深粉色。花瓣多，初开是现代月季的剑瓣、高蕊型，随着绽放，渐渐地就变成了丛生花型，呈现出古老月季的原本风格。

花枝很细，更有因花朵重量而垂头的姿态。叶片小，卵形，半光泽。杏色小花，优越的四季开花性和现代月季所没有的开花韵味，是它特有的魅力。但抗病性弱，叶子易落，湿度大了以后有可能开花状况不好。不过，管理好难伺候的美花正是显露栽培手艺的机会。树形不大，但植株有横展性，需要考虑水平方向的空间。刺少，适合阳台、盆栽，是可以乐享在身边的月季品种。

有人说'香粉莲'与法国培育的茶香月季'Souvenir d'Elise Vardon'是同一品种，因为有中文名字才被分类到中国月季的。

'香粉莲'（'Xiang Fen Lian'）

　　从花型判断，'香粉莲'应该是茶香月季，茶香月季在法国曾一度非常流行，所以有人推测说，'香粉莲'可能是在流通时进口到中国，在中国被起名叫'香粉莲'。但'Souvenir d'Elise Vardon'的品种登录花色是白色，而'香粉莲'是淡粉色，还稍带杏黄色。不仅在花型上一花之间从今到古，开花过程中的花色也是变化很大的，可以说，变化多端是'香粉莲'的特色。表现最多的花色是近似土色的牛和鹿的皮毛色。在美国流通一种叫'Mlle. Franziska Kruger'的茶香月季，有人说，那可能是'Souvenir d'Elise Vardon'。

　　近年来，芳香月季研究的发展对中国月季的鉴定起到了推动作用，有些以为是中国古老月季的品种经香味鉴定都被一一否定了。月季品种的鉴定在通过花色、花型等外观分析后，还有芳香鉴定。即使在外观分析阶段属性符合，芳香鉴定也有可能出现不符。

一花之间从今到古
'香粉莲' 'Xiang Fen Lian'

中文名称：香粉莲
学　　名：*R.* 'Xiang Fen Lian'
别　　名：Souvenir d'Elise Vardon
种　　类：中国月季（Ch）
香　　味：香
香　　型：茶香系
原 产 地：中国
年　　代：1855 年
培 育 者：Mons Marest
花　　色：淡杏色、朦胧粉色
花　　径：6cm
花　　型：高蕊，开花从剑瓣到四分丛生型
树　　高：1m
树　　形：直立、灌丛形
花　　季：四季开花
交配亲本：不详

　　'粉妆楼'最大的特点是香味高雅，其次和再其次的特点还是雅致。植株形态有整体感，花色为近乎白色的淡粉，中心稍浓，花瓣质地柔软。开花是杯型，也更像碗型，多花，容貌可爱，特别是雨后的开花姿态美得令人窒息，会是无论如何都想放在身边的月季品种。缺点是容易感染白粉病（Powdery mildew）。

　　近来有说'粉妆楼'与1889年法国培育的'Clotilde Soupert'是同一品种，因为不知道真'粉妆楼'是怎样的，所以大家就借用家喻户晓的'粉妆楼'之名销售'Clotilde Soupert'。

　　从很早以前大家就在疑惑，认为'粉妆楼'不是原产中国的月季，而是欧洲的多花蔷薇。有些月季园还做了种植试验，'粉妆楼'种一列，'Clotilde Soupert'种一列。结果是，同一时期，同一高度，同一花开，转年也一样。可见'粉妆楼'和'Clotilde Soupert'或许真是同一品种。

　　在日本市场上，'Clotilde Soupert'一直以'粉妆楼'的名字销售，得知不是原本'粉妆楼'之后还继续使用'粉妆楼'的名字。虽说这种营销不合适，但为满足月季爱好者长期以来对'粉妆楼'花名的偏爱，店头都在声明的前提下，使用'粉妆楼'的名字销售法国原产月季'Clotilde Soupert'。

　　据说，真'粉妆楼'确实存在，是粉色杯型开花的攀援月季。为什么这么流传了呢？有推测说，或许最初有人在店里买'粉妆楼'的时候，店主说了'粉妆楼'是攀援月季。中文'粉'就是粉色的意思，也就是说，'粉妆楼'为粉色月季，所以起名叫"粉妆楼"。总之，现在市场上流通的'粉妆楼'是原产法国的'Clotilde Soupert'。

　　中国原产的'粉妆楼'据说是在宋代作出，但至今仍未找到相关记载。宋朝灭亡是在1127年，中国月季传到欧洲是在16世纪前后。如果在宋代已存在'粉妆楼'，为什么欧洲人不把如此妖媚的月季品种带回欧洲呢？也许是中国人当作秘宝植物收藏了吧。

浓香名花

‘粉妆楼’ ‘Fen Zhuang Lou’

中文名称：粉妆楼
学　　名：*R*. Chinensis ‘Fen Zhuang Lou’
别　　名：Clotilde Soupert
种　　类：中国月季（Ch）
香　　味：强香
香　　型：辛香型
原 产 地：中国
年　　代：约 1924 年
培 育 者：不祥
花　　色：淡粉
花　　径：6cm
花　　型：杯型
树　　高：0.8m
树　　形：半直立侧伸展
花　　季：四季开花
长　　势：强健
交配亲本：Mignonette（Polyantha, Guillot, 1880）× Madame Damaizin

‘粉妆楼’（‘Fen Zhuang Lou’）

　　'丽江之路'是在云南丽江被发现的，名称源出地名，属于原产中国的茶香月季，植株形象是中国古代绘画中出现的月季典型。浓香，用途广泛。

　　和香水月季一样，'丽江之路'非常强健，特别适合初学者种植。从市场买来的盆栽大苗，两年就能长到 5m 以上，且花蕾过百，花大11cm，花朵是温暖的粉色，单纯明快，散发典型的茶香型强香，有红茶叶的高雅香气。具有攀援性，不做牵引会狂乱生长，不太适合尖顶花架和一般的花拱。

攀援浓香名花

'丽江之路' 'Lijiang Road Climber'

中文名称：丽江之路

学　　名：*R. Chinensis* 'Lijiang Road Climber'

种　　类：茶香月季（Tea）

香　　味：强香

香　　型：茶香型

原 产 地：中国

年　　代：1995 年发现

发 现 者：Gianlupo Osti（意大利）

花　　色：粉色

花　　径：8cm

花　　型：半重瓣、浅杯型。利落的杯型花朵，
　　　　　独头或多头丛生，是花多的好品种

树　　高：4～5m

树　　形：攀援

花　　季：一季开花、早开

长　　势：长势非常茂盛，抗病性强

应　　用：适合初学者，用途广泛

交配亲本：不详

'丽江之路'（'Lijiang Road Climber'）

关于'丽江之路'的发现者，有说法是英国 Roger Phillips 和 Martyn Rix，但在 Roger Phillips 和 Martyn Rix 的公司官网上介绍说，'丽江之路'推测是大花香水月季和香水月季杂交而成，在丽江峡谷很多见，采集后培育，在意大利的 Walter Branchi 可以买到。没提是自己发现的，培育和销售应该也不是他们经营或合作的苗圃。

古老月季 1995 年才被发现实属罕见。

'相思红'也属于'发现月季',被遗忘,却活了下来,让热心的月季爱好者们找到了。

很久以前,"相思红"通过东印度公司传入欧洲,在荷兰的小村庄一角被发现,不知姓甚名谁。后来听说有人在景德镇发现了它,当然也不知其名。"发现月季"伴生神秘感。

根据推测,发现地点是连接祁门和景德镇要地的繁荣小镇,应该是与茶叶和瓷器一起被欧洲人看中,被送往了欧洲。一般称作'荷兰中国'('Dutch Fork China'),但在景德镇发现它的人赋予了'相思红'的中国名。

但是,'相思红'还是不明身份的'发现月季'。原本叫什么,至今仍然是个谜。因为被遗忘还生存了下来,所以非常强健,"发现月季"放养也能生长。叶片细长,边缘有红色锯齿。枝条像牙签那么细,还开着花,绯红色花朵中稍带白线。开花来自细细的枝条,所以也无需修剪。而且,因枝条太细,连生象鼻虫的余地都没有。

'相思红'作为一种好养且花好的月季成为月季爱好者的宠儿,发现的中国月季,也因为具有如此共性而成为值得推荐的月季品种。

有些"发现月季"在得知其品种名之前,会一直使用所谓的研究名。比如在得克萨斯庭院发现了粉色的四分丛生型月季,因为不知其名,就暂时称作'小玛丽'('Miss Mary Minor')。数年之后,鉴定'小玛丽'是'马尔迈松的纪念',但也许因为得克萨斯绽放了在马尔迈松未被知晓的花姿,得克萨斯人在得知其品种名后,仍喜欢用'小玛丽'这个名字。

'相思红'（'Dutch Fork China'）

景德镇月季

'相思红' 'Dutch Fork China'

中文名称：相思红

学　　名：*R.*'Dutch Fork China'

种　　类：中国月季（Ch）

香　　味：微香

香　　型：茶香型

原 产 地：中国

年　　代：不祥

培 育 者：不祥

花　　色：绯红

花　　径：5cm

花　　型：丛生、杯型

树　　高：1m

树　　形：灌木形

花　　季：四季开花

长　　势：弱不禁风的样子，却非常强健。耐暑

栽培难度：可谓古老月季中最容易栽培的月季，皮实，可放养，还不生虫

应　　用：适合盆栽，纤细枝条垂红花的姿态配以中国书法画卷，画外生画

交配亲本：不详

浓香中国月季

'国色天香''Guo Se Tian Xiang'

中文名称：国色天香

学　　名：R.'Guo Se Tian Xiang'

种　　类：中国月季（Ch）

香　　味：强香

香　　型：茶杳型的甜香

年　　代：1897 年

培 育 者：R.Geschwind

花　　色：深红

花　　径：8cm

花　　型：重瓣、丛生型、平开

树　　高：高 1.2m，冠幅 0.8m

树　　形：冠幅较大的灌木、直立形

花　　季：四季开花

长　　势：强健，适合初学者种植，抗病性强

应　　用：篱墙、庭院、窗边，尖顶花架都适合

交配亲本：（Sir Joseph Paxton × Fellemberg）×（Papa Gontier × Gloire des Rosomanes）。

'国色天香'（'Guo Se Tian Xiang'）

'国色天香'是被选入古老月季殿堂的中国月季。植株直立、强健，形象利落、高雅，枝条细，刺少，容易造型，叶片呈紫红色。枝头团簇开花 3 ～ 5 朵，花朵向内、下垂开放。花瓣 25 枚左右，深红色，是天鹅绒的质感，还有光泽。对白粉病和黑斑病抗性强。

有说'国色天香'与'Gruss an Teqlitz'（别名：'日光'）是同一品种，'Gruss an Teqlitz'是匈牙利的 R. Geschwind 于 1897 年培育的。现在市场上'Gruss an Teqlitz'以'国色天香'的名字流通，写作'国色天香'（'Gruss an Teqlitz'）。

'Gruss an Teqlitz'的名称源于捷克的街名，是育种者出生的地方，德语意为"Teqlitz 的问候"。所以，很多人把它放在门厅，作为对客人的问候。Teqlitz 也是 17 世纪一位犹太诗人的名字。

花要开的时候，赶紧剪下来，变成 1 支插花，放在门厅，会很显眼。虽然只是 1 支花，但靠近就能闻到香气。而且，剪掉 1 支花后接着能开 8 朵花，仍有许多花苞等待绽放。门厅的欢迎花从一支插变成花束，甜香弥漫。花开从春持续到初冬，浓郁香气伴随。酷暑季节花朵变小，香气也稍有减弱。梅雨季节要注意防止黑斑出现。

铃木省三与"国色天香"

当铃木先生还是孩子的时候，他的父亲用 200 日元买来一株红色美丽的花，这株花就是铃木先生与月季的初次遇见，但他后来一直想不起第一次遇见的月季是什么品种。

初见月季之后过了 40 年，一个不经意的契机，铃木先生确定了自己最初遇见的月季是'国色天香'。与'国色天香'再会的中介人竟然是作家宫泽贤治（1896 — 1933）。

在日本，'国色天香'因宫泽先生喜爱而著名。

宫泽贤治是日本昭和时代早期的诗人、童话作家，生于岩手县。他还是农业专家顾问、教育家、作词家，也是虔诚的佛教徒和社会活动家。他的作品以故乡岩手为舞台，描绘了架空的理想之乡。生前无名，唯一发行的诗集是《春与修罗》，其他还有童话集《多订单的餐厅》和许多投稿作品。童话《度过雪原》是他生前唯一得到稿酬的作品，只有 5 万日元（约合人民币 3000 元），发表在杂志《爱国妇人》上。宫泽先生去世之后，在草野心平等人的努力之下，许多作品得到出版和发行。

1956 年，铃木先生从花卷温泉公司收到设计月季园的委托，是宫泽贤治设计的"南斜花坛"遗址。之后，铃木先生收到一株从花卷公司寄来的月季，并附有说明，说这株月季是宫泽贤治的最爱。铃木先生看到这株月季，想起了自己 40 年前初次遇见的月季。铃木先生将这株月季种在了自家庭院最靠近书斋的地方。

铃木先生的父亲在当时的"蔷薇新"月季园买了日本名叫'日光'的月季，'日光'是'国色天香'的和名。大正时期，"蔷薇新"在艺术家之间非常知名，森鸥外的短篇小说《天宠》中使用了"蔷薇新"作为店名，画家的村山塊多也画了"蔷薇新"的月季。

'贵妃醉酒' 'Tipsy Imperial Concubine'

中文名称: 贵妃醉酒

学　　名: *R.* Tipsy Imperial Concubine

种　　类: 茶香月季（Tea）

香　　味: 强香，芳香浓密

香　　型: 茶香型

原 产 地: 中国

年　　代: 1982 年再发现

发 现 者: Hazelle Rougetel

花　　色: 粉色。外瓣粉色浓重，中间是香草色

花　　径: 8cm

花　　型: 重瓣，杯开型。花瓣数量非常多，圆形外瓣中
　　　　　填充了奢华感

树　　高: 1～1.5m

树　　形: 直立

花　　季: 四季开花，但怕冷，低温和雨季持续可能导致
　　　　　不开花，不易栽培

应　　用: 适合盆栽。容易上病，所以不太适合庭院栽植

栽培难度: 稍难

交配亲本: 不详

'贵妃醉酒'
（'Tipsy Imperial Concubine'）

'映日荷花'（'Ying Ri He Hua'）

'映日荷花' 'Ying Ri He Hua'

中文名称：映日荷花
学　　名：R.'Ying Ri He Hua'
种　　类：中国月季（Ch）
香　　味：微香
香　　型：茶香型
原 产 地：中国
年　　代：不详
培 育 者：不详
花　　色：粉色
花　　径：7cm～8cm
花　　型：圆瓣、杯型、重瓣，花瓣数 20～25 枚
树　　高：高 1.2m
树　　形：直立型
花　　季：5 月中旬～5 月下旬
交配亲本：不详

正如它的名字，'映日荷花'好像是映照在太阳里的荷花，粉色的荷花绵绵绽放，环抱含蓄，花瓣内侧透出淡淡的粉色。盛开后露出的黄色花蕊显得异常可爱。

'映日荷花'如今是一个非常稀有珍贵的月季品种，在日本千叶县佐仓草笛之丘月季园可以看到。

'单瓣粉' 'Single Pink'

中文名称: 单瓣粉

学　　名: *R. chinensis* 'Single Pink'

种　　类: 原种（Sp）

香　　味: 香

香　　型: 茶香型，好像香辛料的香气

原 产 地: 中国

年　　代: 不详

培 育 者: 不详

花　　色: 白色、粉色、红色。开始粉色，逐渐褪
　　　　　色，到花败之时又现出粉色

花　　径: 6cm

花　　型: 单瓣，被称作单瓣庚申月季

树　　高: 1 ～ 2m

树　　形: 直立型

花　　季: 四季开花

长　　势: 强健，花多。早开，从初春一直持续开
　　　　　花。分枝性好

应　　用: 植株紧凑，适合盆栽和庭院栽植

栽培难度: 一般，有抗病性，适合初学者

交配亲本: 宫粉月季的芽变

'单瓣粉'（'Single Pink'）

木香原产中国，常绿，冬天不落叶，夏天可制造绿荫。无刺，枝条柔软，有小孩的家庭也可以放心种植。长得快，开花多为温柔的乳黄色碎花覆满绿叶，其豪爽、快乐的绽放姿态一直受到人们的喜爱。

木香可谓最强健的月季原种，非常皮实，病虫害抗性强，基本不需要打药，但还是要注意蚜虫和叶螨。

其他要注意的是花芽形成截止到 8 月底，之后修剪就转年开花少。可以基本不修剪，在苗圃需带支撑生产和销售。由于生长太快、长得也大，所以栽培生产比较困难。

木香一季开花，而且花色只有白色和黄色，需与其他芳香月季搭配使用。白花木香有香味，但生长比黄花木香稍慢，开花也比黄花木香晚，且不如黄花木香开花多。重瓣黄木香没有芳香性。

近年来，离子束育种法的研究正在进行，如果能育出红色和粉

木香 *Rosa banksiae*

中文名称：木香
学　　名：*R. banksiae*
种　　类：原种（Sp）
香　　味：微香，单瓣黄木香和白木香有芳香性，重瓣黄木香没有芳香性
香　　型：茶香型
原 产 地：中国
年　　代：不详
培 育 者：不详
花　　色：黄色、白色
花　　径：2.5cm
花　　型：单瓣和重瓣都有
树　　高：5m
树　　形：攀援
花　　季：4～5 月间一季开花，早开
长　　势：非常强健，长得很快，还能长到很大，地栽需保证相当的空间
繁　　殖：嫁接和扦插均可
应　　用：主要用于庭院、花拱和篱墙等
栽　　培：少水，适合中级者。喜光，但半日阴的地方也能开花。定植时
　　　　　的底肥要使用发酵肥、有机质等，注意嫁接处不要埋在土里

色的四季开花"木香"，其使用范围将会大幅度扩大。

木香有许多园艺品种，也有单瓣和重瓣之分，主要品种有黄木香（Rosa banksiae 'Lutea'）、单瓣黄木香（Rosa banksiae f. lutescens）、重瓣黄木香（Rosa banksiae f. lutea）、单瓣白木香（Rosa banksiae var. normalis）、重瓣白木香（Rosa banksiae f. alboplena= Rosa banksiae 'Alba'）。

苏格兰植物学家威廉·爱顿（William Aiton）在其著作中写道，木香的俗名"班克女士"（Lady Banks' Rose）以英国植物学家约瑟夫·班克斯的夫人命名，命名者是英国植物学家罗伯特·布朗（Robert Brown，1773－1858）。

木香（R. banksiae）

悬钩子蔷薇 *Rosa rubus*

中文名称：悬钩子蔷薇
学　　名：*R. rubus*
种　　类：原种（Sp）
香　　味：强香，非常好闻的香气，好像在
　　　　　哪里闻到过的一种熟悉的香气
香　　型：茶香型
原 产 地：中国
年　　代：1907 年
培 育 者：《中国本草图鉴》中有记载，根
　　　　　部可作药用。据说是湖南的月季
花　　色：白色
花　　径：2.5～3cm
花　　型：单瓣
树　　高：5～6m
树　　形：匍匐灌木
花　　季：四季开花性强
应　　用：花架牵引

佐仓草笛之丘月季园内设有芳香月季区，每次来到月季园，前原所长都兴致勃勃地讲述中国月季多么好。为拍摄芳香月季又来到这里，听说，前原所长正在培育芳香月季，并信心十足地要获得芳香月季大奖。

悬钩子蔷薇（*Rosa rubus*），
2014 年 6 月摄于草笛之丘月季园

灌木月月红（*R. chinensis* Bush）

灌木月月红 *Rosa chinensis* Bush

中 文 名 称：灌木月月红
学　　名：*R. chinensis* Bush
别　　名：*R.chinensis* minor, 半攀援庚申月季
种　　类：原种（Sp）
香　　味：香
香　　型：茶香型，好像香辛料的香气
原 产 地：中国
年　　代：不详
培 育 者：不详
花　　色：粉色、红色。色彩鲜艳，充满野趣
花　　径：6cm
花　　型：半重瓣，平开，从杯型到丛生
树　　高：1～2m
树　　形：直立形
花　　季：四季开花性强
长　　势：一般
应　　用：庚申月季的一种，半日阴、土壤贫瘠的地方也能生长。皮实
栽培难度：一般，适合初学者

'葡萄红'具有明显的庚申月季特点，花色更为鲜艳，香气也集中表现了中国古老月季的浓郁和甜香。

它花型像小芍药，因开花时好像大粒的葡萄果实而得名。早开，甚至很早就开出二茬花。开出第一茬花的时候，花朵小，但花瓣密集，形成微妙的深浅混合色，花瓣边缘向外翻，比其他古老中国月季略显现代感。

'葡萄红' 'Pu Tao Hong'

中文名称: 葡萄红

学　　名: *R. chinensis* 'Pu Tao Hong'

种　　类: 中国月季（Ch）

香　　味: 强香

香　　型: 茶香型

原 产 地: 中国

年　　代: 宋代

培 育 者: 不详

花　　色: 红色，花朵开败也不褪色。花瓣外侧深红，向内侧逐渐淡去，形成绝妙的光亮对比

花　　径: 6cm

花　　型: 重瓣，环抱型，2～4朵花团簇开花，花瓣数25枚。视线高的枝条先端开花，显得格外可爱

树　　高: 1～2.5m

树　　形: 直立、灌木形

花　　季: 四季开花，全年反复开花，几乎每天都有花苞绽放。雨后的早晨也很美，小花摇摆，特别适合窗前和篱墙种植

长　　势: 一个夏天能长得很高，花枝能伸展到1m以上

栽培难度: 一般

应　　用: 刺少，适合盆栽和庭院栽植。延伸枝条可用于花拱

　　'葡萄红'的树形有横展性，富有豪华感。枝条下垂，但基枝却耸立伸展，先端形成扫帚状，生出许多花蕾。枝条纤细、坚实，伸展很快，轻修剪即可延伸枝条造型花拱。分枝性好，分枝点上部有横向展开。出现单向伸展的时候给以修剪整形，可造型出美丽的树形。

　　'葡萄红'虽原产中国，但这个月季品种却可能没有多少人知晓，在台湾的士林官邸公园可以看到。

'葡萄红'（'Pu Tao Hong'）

十六夜蔷薇的花型非常不可思议，花瓣那么多地密生，却仍留有缺口。一部分花瓣会萎缩，所以花朵整体看上去总是缺少一部分的形状，因为十六的月亮月圆有缺，所以得名"十六夜蔷薇"。

十六夜蔷薇最早被介绍到欧洲是从印度加尔各答植物园的苏格兰外科医生及植物学家威廉·罗克斯堡（William Roxburgh，1751 — 1815）手中到在伦敦国王路（Kings Road）经营苗圃的詹姆斯·克尔维尔（James Colvill，1746 — 1822）手中。澳大利亚植物学家利奥博德·查廷尼克（Leopold Trattinnick，1764 — 1849）在 1823 年发行的《玫瑰图鉴》（Rosacearum monographia）中作为新品种介绍了十六夜蔷薇，命名为"Roxburgh"。

因长时间野生，通过自然交配，就变成了多瓣的花型，但 1908 年，英国著名植物猎人威尔逊（E.H. Willson，1876 — 1930）在四川发现了单瓣开花的野生种 *R. roxburghii* var. *normalis*，才得知十六夜蔷薇是 5 瓣花朵的自生植株。而且，今天才知道，在那之前的 1862 年，俄罗斯的植物猎人卡尔·约翰·马基斯莫比奇（Karl Ivanovich Maximowicz，1827 — 1891 年）曾在日本采集过这个原种。现在，福建、云南、四川等海拔 400m～1000m 的中高地带的草原、森林边缘部分等地有野生的"十六夜蔷薇"。

十六夜蔷薇果实有刺、密生，越是温暖地带刺越多，有点像栗子。为此，在英语地区称之为"栗子月季"（Chestnut rose）。叶子细长，11～15 片叶。刺也有特点，成熟后的树表也很有意思。

1920 年日本东京小石川植物园的研究员中井猛之进（后东京大学教授、小石川植物园园长）已确认和发表，只有在富士山及箱根附近才有的野生山椒荆（*R. roxburghii* var. *hirtula*）是十六夜蔷薇的变种，可以长到 5m 以上。

"十六夜蔷薇"（*R. roxburghii*）

十六夜蔷薇 *Rosa roxburghii*

中文名称：十六夜蔷薇
学　　名：*R. roxburghii*
种　　类：原种（Sp）
香　　味：微香
香　　型：茶香型
原 产 地：中国
年　　代：不详
培 育 者：不详
花　　色：带有紫色的粉红。花瓣边缘稍浅，花蕊
　　　　　部分浓重
花　　径：5cm
花　　型：重瓣，浅杯型，花瓣密集，花瓣数 100
　　　　　枚以上
树　　高：1.2～1.8m
树　　形：直立，枝条坚硬，扇状展开的繁茂灌木
　　　　　树形
花　　季：四季开花，除冬天外，一直持续开花

第二节
荣誉殿堂芳香月季

"荣誉殿堂"的月季品种是世界月季联合会（World Federation of Rose Societies）评选的受全世界喜爱的名花，品种如下：

1976 年 '和平'（'Peace'）

1979 年 '伊丽莎白女王'（'Queen Elizabeth'）

1981 年 '香云'（'Fragrant Cloud'）

1983 年 '冰山'（'Iceberg'）

1985 年 '红双喜'（'Double Delight'）

1988 年 '爸爸梅昂'（'Papa Meilland'）

1991 年 '帕斯卡利'（'Pascali'）

1994 年 '杰乔伊'（'Just Joey'）

1997 年 '新曙光'（'New Dawn'）

2000 年 '英格丽·褒曼'（'Ingrid Bergman'）

2003 年 '博尼卡 82'（'Bonica'82'）

2006 年 '彼埃尔·德·龙沙'（'Pierre de Ronsard'）
　　　 '艾丽娜'（'Elina'）

2009 年 '格拉汉托马斯'（'Graham Thomas'）

2012 年 '莎莉福尔摩斯'（'Sally Holmes'）

2015 年 '鸡尾酒'（'Cocktail'）

世界月季联合会每 3 年召开一次世界大会，届时，评选出 1～2
种月季进入荣誉殿堂。"荣誉殿堂月季"是具有权威性的名誉，这些
月季品种在世界任何环境下都容易栽培，而且，最大的特点是由人类
普遍审美意识选出。毫无疑问，它们都是最值得推荐的优秀月季品种。

世界月季联合会目前有 39 国加盟，总部设在英国伦敦。每 3 年
召开一次世界月季大会（World Rose Convention），会址为月季历史
悠久的国家和城市，通过各国月季协会的申请和竞选在世界月季大
会上确定。

世界月季大会于 2006 年第一次在亚洲国家日本召开，中国月季
协会众多代表参会，开始与国际月季界广泛接触，以后每次世界月
季大会都有中国月季界的学者和中国月季协会代表参加。2008 年以
后，中国的太仓、深圳、常州、莱州等南北方城市开始建设或者完
善月季园并成立当地的月季协会，对月季在中国的发展起到了引领
和推动作用。现在，更多国内的城市都在踊跃加入世界月季行列，
引进优秀月季品种，充实月季园。2016 年也将在北京召开世界月季
大会的亚洲区域会议，这标志着中国月季事业进入了一个持续和扩
大的发展阶段。

世界月季联合会还召开古老月季大会（International Heritage
Rose Conference），古老月季是珍贵的月季遗产，2012 年在专门收
集和种植古老月季的日本佐仓草笛之丘月季园召开了第十三届世界
月季联合会的遗产月季大会。2016 年第十四届古老月季大会也将同
期在北京召开。

此外，世界月季联合会还有一项重要的工作内容是评选世界各
国的优秀月季园（WFRS Awards of Garden Excellence）。目前，中国
的深圳人民公园、常州的紫荆公园和北京植物园已获得世界月季联
合会颁发的优秀月季园称号。

　　'和平'是第一个进入荣誉殿堂的月季品种，但它并不很香，第二个进入荣誉殿堂的'伊丽莎白女王'香气更浓。

　　知道"伊丽莎白女王"号豪华客轮的应该比了解月季'伊丽莎白女王'的人要多，即使见过'伊丽莎白女王'月季，也不一定叫得出它的名字。它是一种会开出很大粉色花朵的月季，挺立在庭院之中。它并不是新品种，记忆中角落里那株气质高贵的月季，一定是'伊丽莎白女王'。

　　'伊丽莎白女王'树势很强，生长旺盛，可开出直径13cm的粉色大花。伴随温柔的月季女王之芳香，规模大的庭院，或是可爱的小庭院中，'伊丽莎白女王'都是有存在感的月季品种。它是留存于月季历史中的月季，为纪念伊丽莎白女王戴冠而命名。

　　以'伊丽莎白女王'为基础，后来培育了攀援丰花类（ClF）的'大红伊丽莎白女王'，是1963年由英国迪克森（Dickson）作出的。花

'伊丽莎白女王'（'Queen Elizabeth'）

色大红，花径 10cm，浅杯花型，花期长，反复开花，微香，树高 2.5m，也是能营造大棵形象的品种。'大红伊丽莎白女王'有'伊丽莎白女王'的血缘，所以也具有抗病性，适于初学者。冬天强修剪可用作灌木。

　　英国豪华客轮"伊丽莎白女王"号夜间到达日本横滨港一直是被传为佳话的奇观。它从海湾大桥下驶过，停靠在国际客轮码头，为什么就成了奇观呢？
　　"伊丽莎白女王"号的海面以上高度为 57m，而横海湾大桥从海面到桥体的高度只有 55m，也就是说，"伊丽莎白女王"号比海湾大桥的桥面高出 2m。所以，像"伊丽莎白女王"号这样的大型客轮一般不能进入横滨港，只能靠岸在海湾大桥前的大黑码头。

'伊丽莎白女王' 'Queen Elizabeth'

中文名称：伊丽莎白女王
学　　名：R. 'Queen Elizabeth'
种　　类：大花杂交茶香月季（Gr），是大花杂交茶香月季的第一个品种
香　　味：香
香　　型：甜香
原 产 地：美国
年　　代：1954 年
培 育 者：Dr. Walter Lammerts
获　　奖：1979 年进入荣誉殿堂
花　　色：明亮的粉色
花　　径：13cm
花　　型：线条柔美的圆瓣月季，团簇开花
树　　高：1.5 ～ 1.8m
树　　形：树形图 1 号"四季开花形"，半直立
花　　季：四季开花
长　　势：非常强健，生长旺盛。抗病性强，耐寒、耐暑
栽培难度：可对初学者特别推荐
应　　用：最适合花坛，可能长到很高，所以一般种植在后排
交配亲本：Charlotte Armstrong × Floradora

得知"伊丽莎白女王"号要来,横滨港栈桥上和附近的山下公园,以及公园周边的码头,包括可以看到港口的山丘公园,到处都挤满了屏住呼吸的紧张观客,然而,"伊丽莎白女王"号却轻松地驶过了海湾大桥之下,它是利用了落潮水面下降2m的时机。而且,桥上没有为万一发生不顺利而采取暂停来往车辆的措施,真可谓信心十足,成为利用自然弥补人为技术不足的美谈。

"伊丽莎白女王"号全长294m,总重量90900吨,乘客数2068人,完全就是一座游走于海中的巨大公寓,是海之女王。

次日,"伊丽莎白女王"号又等深夜潮落,再次穿过海湾大桥之下驶向目的地神户。

'香云' 'Fragrant Cloud'

中文名称:香云
学　　名:R.'Fragrant Cloud'
别　　名:Duftwolke、Nuage Parfume、Tanellis
种　　类:杂交茶香月季(HT)
香　　味:强香
香　　型:果香型
原 产 地:德国
年　　代:1963年
培 育 者:Tantau
获　　奖:1981年进入荣誉殿堂
花　　色:大红色,伴随花开变成深红色
花　　径:12~13cm
花　　型:罕见的圆瓣高蕊型,气质珍贵。远看好像古老月季的多花杯型,或说半剑瓣杯型、壶型
树　　高:1m~1.3m
树　　形:树形图1号"四季开花形",具有半横展性,枝条粗壮
花　　季:四季开花
长　　势:强健,花期长,是HT月季中花多的品种。对白粉病抗性强
栽培难度:适合初学者
应　　用:树形不大,适合盆栽,也适合花坛
交配亲本:实生 ×Prima Ballerina

　　'香云'是历史名花，更是芳香月季名花，收集芳香月季品种不可缺少。在现代月季中，存在感和个性都很强。'香云'，顾名思义，它是"芳香的云"。一早起来，凑近正在开花的'香云'，会被一种充满幸福感的甜美果香包围和俘虏。

'香云'（'Fragrant Cloud'）

继'香云'之后步入荣誉殿堂的是'冰山','冰山'是微香品种，而'红双喜'可是名副其实的浓香月季。

'红双喜'是多次获奖的月季名花，虽然花色有两种，但"红双喜"之名并非源于花色，而是双色之喜与芳香之喜的色香双喜。两种美丽的花色表现在同一朵花上已经够得上"双喜"，再加上芳香之喜，应该可称作"三重之喜"的月季品种。

'红双喜' 'Double Delight'

中文名称：红双喜
学　　名：R.'Double Delight'
别　　名：Andeli
种　　类：杂交茶香月季（HT）
香　　味：强香
香　　型：果香型
原 产 地：美国
年　　代：1977 年
培 育 者：Swim，H.C. & Ellis，A.E.
获　　奖：1985 年进入荣誉殿堂
花　　色：随气温和日照发生变化。双色花瓣，淡黄色
　　　　　　花朵边缘呈红色，并逐渐变浓
花　　径：12cm
花　　型：圆瓣，壶型开花
树　　高：1 ～ 1.3m
树　　形：树形图 1 号"四季开花形"，有横展性的树
　　　　　　形
花　　季：四季开花，早开
长　　势：强健
栽培难度：容易栽培。但是，喷施防治黑斑病农药时需
　　　　　　特别注意，因含有效成分嗪胺灵（分子式：
　　　　　　$C_{10}H_{14}Cl_6N_4O_2$），易出药害
应　　用：适合花坛和盆栽
交配亲本：Granada × Garden Party

'红双喜'（'Double Delight'）

　　‘爸爸梅昂’是阿兰·梅昂培育的芳香月季名花，献给他的祖父安托万·梅昂。因培育和平月季的父亲弗朗西斯·梅昂早逝，祖父在各方面都对阿兰给予了很大帮助，所以阿兰要把这个作品献给爷爷。无论从月季品种的完美度，还是培育者倾注的心思，‘爸爸梅昂’都是其他月季所不能比拟的。

　　‘爸爸梅昂’是黑月季的代表名花。气温越低黑色越鲜明，相反，夏天炎热时，花色会显得更红。隐约显出黑色的深红花蕾绽放后，逐渐变成稍带紫色的深红色，开花后呈现黑红色。

　　不过，‘爸爸梅昂’的最大特点还是大花释放的浓厚香气。大马士革香中稍微混合了一点柑橘类香气，柑橘清香调和了强烈的大

‘爸爸梅昂’ 'Papa Meilland'

中文名称：爸爸梅昂
学　　名：R.‘Papa Meilland’
获　　奖：1988 年进入荣誉殿堂
种　　类：杂交茶香月季（HT）
香　　味：强香
香　　型：大马士革现代香型
年　　代：1963 年
育 种 者：Alain Meilland
原 产 地：法国
花　　色：深红色
花　　径：15cm
花　　季：四季开花
花　　型：剑瓣、高蕊
树　　高：1.5m ～ 1.8 m
树　　形：树形图 1 号“四季开花形”，半直立，上部
　　　　　有半横展性，需要一定的空间
树　　势：一般
应　　用：适合庭院栽植、盆栽
交配亲本：Chrysler Imperial × Charles Mallerin

‘爸爸梅昂’（‘Papa Meilland’）

马士革浓香，只要闻过一次，就难以忘怀。不容置疑，‘爸爸梅昂’可以坐上大马士革强香代表品种的宝座，是花型、花色和芳香三面俱全的月季名花。有些人因为遇见‘爸爸梅昂’而改变了对月季的认识角度，他们在选择品种时开始注重月季的芳香性。

‘爸爸梅昂’的栽培相对容易，但枝条细，开花不多，容易感染白粉病。开花过程中多发生花型残破现象，产品目录照片上介绍的整齐花型实际很少见，但它的芳香能让人忽略它所有的缺点。

有人担心它在湿气重的海洋性气候地区的抗病性。其实，只要栽植场所保证充足日照和通风，就无须担心抗病问题。

可能是植株高的特点帮忙，‘爸爸梅昂’具有堂正威严的风格，是可用作月季园主角的品种，也是收集强香月季品种不可缺少的，特别要推荐给喜欢大花、有豪华感月季的爱好者。

‘爸爸梅昂’的精彩得到了世界公认，于1988年进入月季荣誉殿堂。

　　'帕斯卡利'花形规整，适合切花生产，双亲中有一方是'伊丽莎白女王'。因为微香，有人比喻它是'不笑的美人'。虽然少了点'微笑'，但在 HT 月季中'帕斯卡利'仍是屈指可数的美人。

'帕斯卡利' 'Pascali'

中文名称：帕斯卡利

学　　名：R.'Pascali'

别　　名：Blanche Pasca

种　　类：杂交茶香月季（HT）

香　　味：微香

香　　型：果香型

原 产 地：比利时

年　　代：1963 年

培 育 者：Lens

获　　奖：1991 年进入荣誉殿堂

花　　色：白色

花　　径：9cm。在 HT 月季中属于花径稍小的，用怜爱的形象气质取代了豪华感

花　　型：剑瓣、高蕊，伴随花开花瓣纷乱，有失美丽。但因为是杯型开花，花瓣展开后仍能恢复美丽

树　　高：1.3 ～ 1.8m

树　　形：树形图 1 号"四季开花形"，直立形

花　　季：四季开花

长　　势：强健，抗病性强

栽培难度：适合初学者

应　　用：生长较高，适合种植花坛后排。花型整齐，花期长，也适合切花

交配亲本：Queen Elizabeth × White Butterfly

'帕斯卡利'（'Pascali'）

'杰乔伊'（'Just Joey'）

　　'杰乔伊'因花朵巨大而让人印象深刻，且花色是显眼美丽的
杏色，而且芳香浓郁。

'杰乔伊' 'Just Joey'

中文名称：杰乔伊
学　　名：R. 'Just Joey'
种　　类：杂交茶香月季（HT）
香　　味：强香
香　　型：果香型，甜香，好吃的香味
原 产 地：英国
年　　代：1972 年
培 育 者：Cants
获　　奖：1994 年进入荣誉殿堂
花　　色：杏色，秋季花色更浓
花　　径：14cm
花　　型：圆瓣、环抱型开花。花瓣前端稍有波纹，
　　　　　呈现可爱的开花表情
树　　高：1m ～ 1.2m
树　　形：树形图 1 号"四季开花形"，有横展性。
　　　　　树形不大，花朵却可以慢慢地绽放到很大
花　　季：四季开花，早开
长　　势：一般
栽培难度：容易栽培
应　　用：适合花坛和盆栽
交配亲本：Duftwolke × Dr A J Verhage

　　'新曙光'是攀援月季的人气品种，如此大花的攀援月季实属罕见。对日照不足和半日阴抗性强，具有野生种的强健，放养也能健康成长。作为浓香攀援月季品种是景观应用中的"大红人"。

'新曙光' 'New Dawn'

中文名称：新曙光
学　　名：*R.* 'New Dawn'
别　　名：Everblooming Dr. W. Van Fleet
种　　类：大花攀援月季（LCI）
香　　味：香
香　　型：野蔷薇的香味
原 产 地：美国
年　　代：1930 年
培 育 者：Dreer
获　　奖：1997 年进入荣誉殿堂
花　　色：淡粉色
花　　径：8cm
花　　型：半重瓣，圆瓣，杯型开花
树　　高：3.5m
树　　形：树形图 7 号"侧斜树形"，攀援，横展
花　　季：四季开花，晚开
长　　势：强健，耐阴、耐寒、耐暑，抗病性强，基本
　　　　　不需要打药
栽培难度：适合初学者
应　　用：一条枝条上开 5 朵花，适合盆栽，或花架、
　　　　　尖顶架、花球、丝网、低矮篱墙、高篱墙、墙面。
　　　　　因为耐阴，可用于北侧篱墙
交配亲本：Dr W Van Fleet 的芽变

'曙光'（'New Dawn'）

'英格丽·褒曼'是非常好的红色月季品种，花色为沉着的绯红色，花瓣质地也好，雨打花形都不会破败。

红色月季品种不少，但各品种之间存在微妙的色调差别，用深红色形容"英格丽·褒曼"的红色可能比较恰当。而且，最让人惊讶的是伴随花开不褪色。其他红色月季品种都会伴随花开渐渐褪去红色，最后呈现紫黑色。

培育发表后仅 16 年就被选入荣誉殿堂，可想而知，它是得到了来自世界各地的至高评价的。

'英格丽·褒曼' 'Ingrid Bergman'

中文名称：英格丽·褒曼
学　　名：*R.* 'Ingrid Bergman'
种　　类：杂交茶香月季（HT）
香　　味：微香
香　　型：淡淡的高雅香气
原 产 地：丹麦
年　　代：1984 年
培 育 者：Poulesen
获　　奖：2000 年进入荣誉殿堂
花　　色：浓红色，是红色月季品种中最完美的
花　　径：12cm
花　　型：半剑瓣，高蕊开花
树　　高：1.2 ～ 1.5m
树　　形：树形图 1 号"四季开花形"，有半横展性，枝条发红，叶片大，光叶
花　　季：四季开花
长　　势：强健，耐、耐暑，抗病性强
栽培难度：适合初学者
应　　用：适合花坛，盆栽
交配亲本：Precious Platinum 的实生 × 实生

'英格丽·褒曼'（'Ingrid Bergman'）

'博尼卡 82'（'Bonica'82'）

　　'博尼卡82'的主要特点是花小、花多、团簇开花。出花状况好，皮实，容易栽培。秋天花色更浓，美丽更胜一筹。

　　伸展到很长的枝条呈下垂状，散房式团簇开花，花朵多到覆盖植株整体，非常壮观。

　　'博尼卡82'的蔷薇果也有观赏价值。不过，如果春季花开后还想让它年内开花，就不要让它长果。

　　耐寒性很强，可推荐给东北等寒冷地区种植。

'博尼卡82' 'Bonica'82

中文名称：博尼卡82
学　　名：R.'Bonica'82'
种　　类：杂交茶香月季（HT）
香　　味：微香
香　　型：让人沉静的香气
原 产 地：法国
年　　代：1982年
培 育 者：Marie-Louise Meilland
获　　奖：2003年进入荣誉殿堂
　　　　　1983年ADR奖
　　　　　1987年AARS奖
花　　色：明亮的淡粉色
花　　径：7cm
花　　型：重瓣，花瓣数30～50枚，圆瓣，平开
树　　高：0.8～1.6 m
树　　形：灌木形，半攀缘，有半横展性
花　　季：四季开花
长　　势：强健，耐寒，抗病性强
栽培难度：适合初学者，可特别推荐为轻松管理品种
应　　用：适合花坛、盆栽、窗前、墙面。'博尼卡82'被归类到景观月季类，是景观设计的首选品种。管理也比较简单，能皮实生长，常用于公园和道路等公共空间，适用环境广泛
交配亲本：（R sempervirens × Mlle Marthe Carron）× Picasso

　　'彼埃尔·德·龙沙'拥有"伊甸园"的别名，让人联想像天堂里的花园，格外美丽、可爱。一朵花已经很美，盛开时开满一面墙，更是优雅、豪华、壮观。

　　为春天开花更多，关键要在冬天把枝条弯曲成近乎水平的状态。如果一次不能弯曲到位，可以分几次在不同时间弯曲。定植后 1～2 年是春天一季开花，经过 2～3 年树木长成之后，秋天会再次开花。

'彼埃尔·德·龙沙' 'Pierre de Ronsard'

中文名称: 彼埃尔·德·龙沙

学　　名: R. 'Pierre de Ronsard'

获　　奖: 2006 年进入荣誉殿堂

种　　类: 大花攀援月季（LCl）

香　　味: 微香

香　　型: 红茶香

年　　代: 1987 年

育 种 者: Marie-Louise Meilland

原 产 地: 法国

花　　色: 白色和淡粉。花朵中心淡粉，逐渐向花朵边缘淡去

花　　径: 12cm，春季花开很大

花　　季: 重复开花

花　　型: 古典月季花型，杯开型，四分丛生型

树　　高: 3m

树　　形: 树形图 3 号"攀援树形"

树　　势: 厚质叶片增强抗病性，气候适应能力强，生长旺盛，是初学者也能很容易种好的品种

应　　用: 适用于篱墙、丝网、花拱

交配亲本: （Danse des Sylphes × Handel）× Kalinka Climbing

'彼埃尔·德·龙沙'（'Pierre de Ronsard'）

2006 年有两个品种进入荣誉殿堂，'彼埃尔·德·龙沙'和'艾丽娜'，'艾丽娜'是高雅的象牙白美丽品种。

'艾丽娜' 'Elina'

中文名称：艾丽娜
学　　名：R.'Elina'
别　　名：Peaudouce
种　　类：杂交茶香月季（HT）
香　　味：香
香　　型：蜜香，柔和，清淡
原 产 地：英国
年　　代：1983 年
培 育 者：Patrick Dickson
获　　奖：2006 年进入荣誉殿堂
花　　色：象牙白
花　　径：12cm
花　　型：剑瓣、高蕊开花
树　　高：1.3～1.6m
树　　形：树形图 1 号"四季开花形"，
　　　　　半直立，有半横展性
花　　季：四季开花
长　　势：树势很强，耐寒、耐暑，花多，
　　　　　对白粉病和黑斑病抗性强
栽培难度：适合初学者
应　　用：适合花坛
交配亲本：Nana Mouskouri×Lolita

'艾丽娜'（'Elina'）

　　'格拉汉·托马斯'对英国月季获得人气的贡献很大，可以说是英国月季中最著名的品种，也是英国月季的代名词。

　　花名以著名园艺家格拉汉·托马斯命名。格拉汉·托马斯对育种家大卫·奥斯汀（David Austin）影响很大，奥斯汀命名这株月季是向古老月季研究家表达敬意。

　　'格拉汉·托马斯'因具有卓越的芳香性，曾获英国皇家月季协会（The Royal National Rose Society）对最佳芳香月季品种颁发的亨利·艾德兰德奖（The Henry Edland Award），2000 年获得英国皇家月季协会（RNRS）颁发的詹姆斯·梅森奖（The James Mason Award）。詹姆斯·梅森奖的颁奖宗旨是，选出那些可以让月季爱好者感受到最大快乐的品种。2009 年进入荣誉殿堂。

　　'格拉汉·托马斯'是珍贵的纯黄品种，培育者大卫·奥斯汀也说，如此鲜艳纯粹的黄色，在杂交茶香月季中非常罕见。叶片有光泽，

'格拉汉·托马斯'（'Graham Thomas'）

‘格拉汉·托马斯’ ‘Graham Thomas’

中文名称: 格拉汉·托马斯

学　　名: *R.*‘Graham Thomas’

别　　名: English Yellow、Lemon Parody

种　　类: 杂交茶香月季（HT）

香　　味: 强香

香　　型: 茶香型甜香，还稍微混合了紫花地丁的香气

原 产 地: 英国

年　　代: 1983

培 育 者: David Austin

获　　奖: 2009 年进入荣誉殿堂

花　　色: 鲜艳的纯黄色，非常有魅力

花　　径: 8cm ～ 10cm

花　　型: 古老月季的典型。花开从杯型过渡到丛生型

树　　高: 1.5m ～ 3.5m

树　　形: 灌丛形，可用作小型攀援月季，枝条柔软

花　　季: 四季开花

长　　势: 强健，多花，耐阴、耐寒、耐暑，对白粉病和黑斑病抗性强。为保持灌木树形进行夏季修剪后，开花会减少。利用该特点，可以索性不怎么修剪，当作攀援月季管理，反而能获得良好的生长效果

栽培难度: 适合初学者。生长中四季开花性减弱，所以最好不做强修剪。花枝生长很快，要尽早固定牵引位置，于是夏季修剪后会开花很好

应　　用: 适合盆栽、地栽，也适合花拱、尖顶花架、花柱、丝网、低篱墙和高篱墙

交配亲本: Charles Austin ×（Iceberg × 实生）

是浅绿色，耐寒性极强，应该说是最受宠爱的英国月季品种之一，得到广泛的种植。有‘冰山’的血统，所以生命力极强，在美观和抗性两方面都很出色，拥有让人第一眼看到就自然会被吸引的本质美。

　　英国月季在温暖地带都会大型化，‘格拉汉·托马斯’则会巨大化，能长到2m ～ 3m，可以考虑与其他庭院树木编织在一起的牵引方法。在英国的冷凉气候条件下，具有很强的四季性，其他地区可能因气候条件不能完全表现所有特性，但仍然是魅力无穷的品种。

'莎莉福尔摩斯'是少有的麝香芳香月季。

'莎莉福尔摩斯' 'Sally Holmes'

中文名称: 莎莉福尔摩斯
学　　名: R. 'Sally Holmes'
种　　类: 杂交麝香月季（HMsk）
获　　奖: 2012 年进入荣誉殿堂
　　　　　巴登—巴登金奖
香　　味: 香
香　　型: 麝香型
原 产 地: 英国
年　　代: 1976 年
培 育 者: R. Holmes
花　　色: 开花初期挂有桃色，进入深秋后，夜晚
　　　　　气温下降，白色变成粉色
花　　径: 10 ～ 15cm
花　　型: 单瓣，花瓣数约 5 枚。垂头团簇开花
树　　高: 3m
树　　形: 树形图 3 号"攀援树形"，叶大有光泽
花　　季: 四季开花
长　　势: 强健，抗病性强，伸展性强
栽培难度: 容易栽培，刺少
应　　用: 适于花坛和花境，花拱、墙面、篱墙等
　　　　　也适合。需要较大生长空间
交配亲本: Ivory Fashion × Ballerina（hybrid
　　　　　musk, Bentall, 1937）

'莎莉福尔摩斯'（'Sally Holmes'）

'鸡尾酒'是2015年第17届世界月季大会评选的荣誉殿堂月季，参会的中国同仁们都目睹了仪式，闻到了生长在巴黎的"鸡尾酒"香。

'鸡尾酒' 'Cocktail'

中文名称：鸡尾酒

学　　名：R. 'Cocktail'

种　　类：灌木月季（S）

获　　奖：2015年，进入荣誉殿堂

香　　味：香

香　　型：果香型

原 产 地：法国

年　　代：1957年

培 育 者：F.Meilland

花　　色：开花从红色变成白色

花　　径：6cm ～ 8cm

花　　型：单瓣圆瓣开花

树　　高：2.5m

树　　形：树形图4号"古老月季树形"，攀援形，灌丛状

花　　季：四季开花

长　　势：强健，耐暑、耐寒，有抗病性

栽培难度：适合初学者

应　　用：适合盆栽和庭院栽植，以及丝网、矮篱、花拱和花柱

交配亲本：（Independence × Orange Triumph ） × Phyllis Bide

'鸡尾酒'（'Cocktail'）

一、关于英国皇家月季协会（RNRS）

RNRS 成立于 1867 年，以伊丽莎白皇太后为总裁，会员遍布全球，包括许多园艺协会和研究性图书馆，还有数万月季爱好者。它不仅是最古老的植物专家协会，也是世界一流的月季育种和管理权威。

现在，RNRS 以它在圣奥尔本斯（St. Albans）郊外的月季园著称，园内收集了从原种到现代月季的 1700 个品种，共 3 万株，能看到几乎所有类型的庭院月季，是月季爱好者一定要去拜访的月季园。

月季园于 50 年前开园，由协会当初的赞助者长公主（Princess Royal）创建，面积 5 英亩（$2hm^2$）。2006 年该园进行了彻底翻修，初期得到著名景观设计师迈克尔·鲍尔斯顿（Michael Balston）的协助，后期为汉普顿宫花展（Hampton Court Palace Flower Show）金奖得主朱利安·塔特洛克园林景观设计（Julian Tatlock Landscape & Garden Design）进行施工管理。新增的月季、草花、球根花卉、灌木，以及对比草坪、园路修建的水景，为游客提供了更多有趣景点。月季园完美地表现了各种月季应有的特性美，也如同其他庭院一样，周年有赏。

RNRS 的主要业务还有举办国际月季竞赛活动，以专业和非专业育种者为对象，竞赛标准具有世界级权威性。

RNRS 举办国际月季竞赛起始于 1928 年，每届评审都要观察历时 3 年的月季生长情况。参赛时尚未在英国销售的新月季品种都具备参赛资格。评审过程中要对各参赛品种的庭院应用价值进行评估，适合在哪里种植，设施还是公园等。评估时，物美价廉也是考虑要素之一。

参赛品种在参赛前都会自己做试验，不好的品种不会参赛，所以，专家评审的月季都是高水准的品种。伴随市场竞争，参赛月季品种的水平也越来越高。

二、RNRS 国际月季竞赛的评分机制

参赛第一年的品种不接受评审，但这些月季会在展示庭院的试验场产生分枝，并按其特性得到良好的管理。在第二年和第三年的生长过程中，评审团成员对每一个品种的生长情况都进行观察、记录和分析。评审团由负责不同评审领域的专家组成，每一部门的专家都单独根据需要在开花季节亲临试验场。评审经过几年做出评估后，根据规定的培育计划，分枝会被修剪到最少。

评审采用规定的评分机制，评审团成员每年至少亲临试验场3次。所有品种必须得到评审，但培育者、培育者代理或商业生产者感兴趣的品种则不再列入评审对象，这些品种在评审单上会注明为"免审"。针对芳香性，要在一般评审得分的基础上特别注明，总体得分可因芳香性提高 10 分。

在最后的评审年，评审团要对每年的评审单进行总结，得出两方面的结论，一方面是整体平均分，另一方面是芳香性。

评分按以下要点分配：

健康状况、生长旺盛程度、习性，最高30分；

花容的美丽和它在各阶段的表现，最高30分；

每一阶段的整体效果，最高30分；

芳香性，10分。

满分为100分，但至今还没有任何月季品种获得过100分满分的评审成绩。

秋季要根据竞赛和庭院委员会规定的方法对评审分数进行统计分析，并计算出每个品种的平均得分。该统计分析结果在秋季评审会议上与评审团见面。

RNRS国际月季竞赛于评审最后年发布奖评结果，75分以上获得金牌，72.5分以上获得荣誉证书，70分以上获得评审证书（TGC）。

如遇连续两年以上生长条件恶化，那将影响到所有品种难以表现最佳状态，对此，评审团会适当降低评审标准。采取这样的措施需在秋季会议上申明评审标准的变化，并通过多数投票认可方可执行。

TGC不会在某些年因特殊原因只颁发给少数得主，而是每年都有一定数量的TGC，具体数量在秋季评审会议上决定。

此外，总统国际奖杯颁发给已经取得金牌的品种和已经被多数评审团成员考虑作为特例获得奖杯的荣誉证书得主。

最佳芳香月季奖的亨利·艾德兰德奖颁发给已经取得TGC评审证书的最佳芳香月季品种。

此外还有托里奇奖（The Torridge Award）颁发给已获得TGC评审证书的业余月季育种者培育的品种。

评审第一年表现出色的品种，如果取得平均分至少70分，即可当年获得TGC评审证书。

三、詹姆斯·梅森奖（The James Mason Award）

詹姆斯·梅森（James Mason，1909～1984年）是出生在英格兰约克夏郡的著名英国演员，他出演的《虎胆忠魂》（Odd Man Out，1947年）曾获第一届英国电影学院奖（British Academy Film Awards）最佳影片。詹姆斯·梅森生前是非常热心的月季爱好者。

1982年，在英国被称作月季之神的育种家彼得·比尔斯（Peter Beales）介绍了一种命名为'詹姆斯·梅森'的红色加利卡玫瑰，正好在詹姆斯·梅森去世前不久。基于詹姆斯·梅森对月季的炽爱，RNRS就以他的名字命名了'詹姆斯·梅森金牌'，颁发给在过去15年中为人们带来特别快乐的月季品种。获得该荣誉的还有1994年的'艾丽娜'和1997年的'自由'（Freedom）。

红色加利卡玫瑰被命名为'詹姆斯·梅森'，是因为花容的漂亮和精致让人们能够想起许多詹姆斯·梅森出演的电影角色。詹姆斯·梅森具有古风男性之帅气，声音很有特色，这使他扮演了从莎士比亚（凯撒大帝）到现代剧的许多主要角色。'詹姆斯·梅森'月季当然也因为它的明亮红色花朵吸引了众人的眼球。

加利卡玫瑰是流行于18世纪的古老庭院玫瑰，后来几乎没出现过加利卡杂交的现代月季，但'詹姆斯·梅森'却获得了很大成功。据说，该品种很容易繁殖。

'詹姆斯·梅森' 'James Mason'

中文名称：詹姆斯梅森

学　　名：R. 'James Mason'

种　　类：杂交加利卡玫瑰（Hybrid Gallica）

香　　味：强香

香　　型：大马士革香型，甜香

原 产 地：英国

年　　代：1982 年

培 育 者：Peter Beales

花　　色：富贵的大红色，中央金色

花　　径：11cm ～ 13cm

花　　型：半重瓣，浅杯型，平开，3 个花头
　　　　　团簇开花

树　　高：1.8m ～ 2.5 m

树　　形：半直立性，灌木形

花　　季：一季开花

长　　势：强健，抗病性强

栽培难度：一般

应　　用：适合庭院栽植

交配亲本：Scharlachglu × Tuscany Superb

'詹姆斯·梅森'（'James Mason'）

'玛格利特·梅瑞尔'是获得英国皇家月季协会最佳芳香月季奖的强香品种，也在其他国际月季竞赛中不止一次获奖。色如其名，好像珍珠一般，是可称之为"芳香珍珠"的月季品种。

'玛格利特·梅瑞尔'（'Margaret Merril'）

'玛格利特·梅瑞尔' 'Margaret Merril'

中文名称：玛格利特·梅瑞尔

学　　名：R.'Margaret Merril'

别　　名：Harkuly

种　　类：丰花月季（F）

香　　味：强香

香　　型：大马士革现代香型

原产地：英国

年　　代：1977 年

获　　奖：英国皇家月季协会最佳芳香月季奖的亨利·艾德
兰德；1978 年日内瓦国际竞赛金奖；1978 年
罗马国际竞赛金奖

培育者：J. Harkness

花　　色：有深浅层次不同的白色，开花初期稍有淡粉色，
让红色花蕊显得分外鲜艳、有魅力

花　　径：8cm

花　　型：半重瓣，圆瓣平开。利落、自然、清爽

树　　高：1.2 ~ 1.5 m

树　　形：树形图 1 号"四季开花形"，直立形

花　　季：四季开花

长　　势：强健，特别具有耐寒性

栽培难度：适合初学者，刺少，容易管理。花期长

应　　用：适合篱墙、盆栽、庭院、窗边

交配亲本：（Rudolph Timm×Dedication）×Pascali

名称由来：获得命名权的化妆品公司玉兰油（Olay）以自己
的广告活动架空人物命名。当时玉兰油公司在
报纸等媒体上刊登广告，采用了"顾问专家玛
格利特·梅瑞尔写给读者"的方式，其市场手法
成为当时的热门话题。因为用了促销架空人名，
其他国家不了解详情，随着时间推移，就更不
为人所知了。作为名花的命名稍有遗憾，但优
雅的名字与美花的气质非常吻合。玛格利特是
古希腊语"珍珠"的意思

全美月季大选 AARS（All-America Rose Selections）是美国月季协会举办的世界权威月季竞赛。

美国月季协会成立于 1892 年，是美国最早的单一植物园艺协会。作为教育性的非营利机构，它一直专门从事月季培育和欣赏的相关活动，拥有一个由 300 多个美国地方月季协会组成的联系网络，通过举办讲座和发行出版物，以及持续的研究活动为各成员提供服务。

协会的绝大部分会员是家庭园艺师，喜欢种植月季并希望扩充自己的月季文化知识。一些会员还积极参加展示月季培育作品的竞赛活动，增进与其他月季爱好者的交流。此外，月季摄影比赛等其他许多月季相关活动也都有广大协会会员踊跃参加。协会出台竞赛标准对参赛作品进行评审，在美国全境开设各种工坊、讲座、庭院活动和月季展，发行月刊《美国月季》（American Rose）推介优秀月季品种和月季文化。

美国月季协会总部设在美丽的美国月季中心（American Rose Center），靠近路易斯安那州西北部的什里夫波特（Shreveport）。美国月季中心是一个月季园，有古老庭院月季和现代庭院月季 400 种，共 2 万余株。1938 年，美国月季协会设立了现在世界知名的权威月季竞赛，每年举办一次，每次竞赛选出最多 5 个月季品种，称作全美月季大选（AARS）。说 AARS 设立于 1938 年，是因为这一年制定了 AARS 的测试评价系统，对抗病性、不管理也能养活、月季的美丽等方面进行评估。具有历史价值的入选品种有'和平'、'惊艳月季'（'Knock Out'）、'红双喜'、'博尼卡 82'等。

月季竞赛有许多，宗旨侧重各有不同，如外观好看，香味好，培育方法好等。AARS 由以志愿者为基础的美国月季协会举办，特别对一般家庭中做最少管理就能简单栽培的月季给予高度评价。

AARS 的评审标准包括以下方面：新鲜感、开花时和花蕾阶段的花形、开花时的花色、开花过程的品质、花朵的影响度、芳香性、花茎及其下部的形状、培育体质、长势、叶片、抗病性、反复开花度等。

'林肯先生' 'Mister Lincoln'

中文名称：林肯先生
学　　名：*R.*'Mister Lincoln'
种　　类：杂交茶香月季（HT）
获　　奖：1965 年入选 AARS
香　　味：强香
香　　型：大马士革现代香型
原 产 地：美国
年　　代：1964 年
培 育 者：Swim & Weeks
花　　色：正红色，根据昼夜温差花色发生大幅度深浅变化。从早春开花到秋季，花色呈暗红色，给人留下威严的印象
花　　径：14cm
花　　型：半剑瓣
树　　高：1.5 ～ 1.8m
树　　形：树形图 1 号"四季开花形"，直立性灌丛形
花　　季：四季开花
长　　势：强健，抗病性强，耐寒、耐暑。非常壮实，花多
栽培难度：适合初学者
应　　用：适于花坛和盆栽
交配亲本：Chrysler Imperial × Charles allerin
名称由来：因为品种强健、壮实到顽固的程度，所以品种名以顽固到底的初代美国大总统命名。强健和芳香是该品种的最大特点

‘林肯先生’（‘Mister Lincoln’）

'蒂芙尼' 'Tiffany'

中文名称: 蒂芙尼
学　　名: R.'Tiffany'
种　　类: 杂交茶香月季（HT）
获　　奖: 1955 年入选 AARS
香　　味: 强香名花，芳香浓郁而清爽
香　　型: 大马士革古典香型
原 产 地: 美国
年　　代: 1954 年
培 育 者: Lindquist
花　　色: 粉色花瓣，底部稍带微微的黄色
花　　径: 14cm
花　　型: 半剑瓣。一条枝条只开一朵花，属于高格调的花形。但花枝多，看上去没有开花少的感觉
树　　高: 1.3～1.5 m
树　　形: 树形图 1 号"四季开花形"，直立性月季的代名词，直立灌丛形
花　　季: 四季开花
长　　势: 长势强，抗病性强
栽培难度: 容易栽培，适合初学者
应　　用: 适于花坛、盆栽、切花
交配亲本: Charlotte Armstrong × Girona

'蒂芙尼'（'Tiffany'）

'格拉纳达' 'Granada'

中文名称：格拉纳达

学　　名：*R.*'Granada'

别　　名：Donatella

种　　类：杂交茶香月季（HT）

获　　奖：1964 年入选 AARS

香　　味：强香

香　　型：大马士革古典香型，有辛香味道

原 产 地：美国

年　　代：1963 年

培 育 者：Robert V. Lindquist

花　　色：红黄两色，柠檬黄中带红，是双色珍奇品种。清爽，个性化，明亮

花　　径：13cm

花　　型：半剑瓣、高蕊开花。花瓣数 20 枚

树　　高：1.2 ～ 1.6 m

树　　形：树形图 1 号"四季开花形"，有横展性

花　　季：四季开花

长　　势：强健

栽培难度：一般，喜光

应　　用：适合盆栽和庭院栽植

交配亲本：Tiffany × Cavalcade

名称由来：以西班牙南部城市格拉纳达命名。格拉纳达是西班牙安达卢西亚自治区内格拉纳达省的省会，位于内华达山山麓，达若河和赫尼尔河汇合处。西班牙语"格拉纳达"是"石榴"的意思，所以，格拉纳达市徽中就有一只石榴。这里有摩尔人皇宫阿尔罕布拉宫，是一座融汇了穆斯林、犹太教和基督教风格的著名历史古迹。西班牙闻名遐迩的格拉纳达大学也在这里

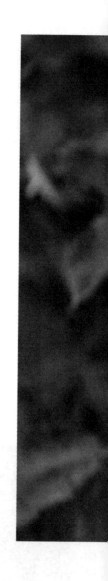

'格拉纳达'（'Granada'）

中文名称：吉恩·伯尔纳

学　　名：*R.* 'Gene Boerner'

种　　类：丰花月季（F）

获　　奖：1969 年入选 AARS

香　　味：香

香　　型：果香型

原 产 地：美国

年　　代：1968 年

培 育 者：Gene Boerner

花　　色：浓粉色

花　　径：8cm

花　　型：剑瓣高蕊，一根枝条上多花，团簇
　　　　　开花

树　　高：1.2m×0.9m

树　　形：树形图 1 号"四季开花形"，直立形，
　　　　　树形小

花　　季：四季开花

长　　势：强健，花期长

栽培难度：一般，基本没刺

应　　用：适于庭院和切花

交配亲本：Ginger ×（Ma Perkins × Garnette
　　　　　Supreme）

名称由来：以育种家的名字命名

'吉恩·伯尔纳'（'Gene Boerner'）

第五节
德国 ADR 芳香月季

世界权威月季竞赛 ADR（Allgemeine Deutsche Rosenneuheiten-prüfung）是德国主办的国际月季竞赛，在评价月季观赏性的同时，更注重耐寒性、病虫害抗性等方面的评估，属于世界级高难度月季奖项。参赛品种要在德国 11 个地区的庭院经历 3 年栽培试验，其间不做任何修剪、施肥、打药等养护管理，在如此条件下还能有一定程度生长和发育的品种竞争为优选品种，从而考量参赛品种的抗病害和越冬能力。若寻找适合中国东北地区的耐寒品种，可从 ADR 认证品种中选择。

从 20 世纪 50 年代开始，世界各国的育种者已经意识到，判断月季新品种的表现和发展需要试种。于是，威廉·柯德斯一世在 20 世纪 50 年代创立了 ADR 试种制度，以评价新品种有哪些独特的优点，看看这些品种有哪些不同的用途，是适用于公共景观，还是家庭庭院等。从 1997 年开始，ADR 试种制度规定，不得对试种品种施用化学药剂，于是，育种者则常把 ADR 试种描述为全世界最具挑战性的种植。

ADR 试种的运营机构由德国苗圃协会、月季育种者和德国 11 个独立的试种场组成，试种结果由植物品种联盟分析得出。

月季栽培试验历经 3 年做出评估，评估内容包括抗病性、强健性、观赏性以及生长习性。抗病虫害方面的评估是该月季竞赛的主要目的，其他还有冬季抗寒、花朵数量、外观魅力和芳香、生长状况等。

至今为止，ADR 已对 2000 种以上的月季进行了试种和评估，每年有不同类别的 50 个品种得到分析。现在，已有许多月季品种获得了 ADR 奖，但是，即使是曾经获奖的品种，如果在试种后出现不能完全符合 ADR 品质标准的情况，其认证也会失效。所谓 ADR 月季，就是 ADR 的优胜者，目前共有 178 种 ADR 月季。

ADR 评估活动具有环保意义，为苗圃和消费者提供了有根据和有实际意义的分析信息，为月季园、有月季的公园和庭院提供了有用的种植参考数据。

月季品种的培育标准在不断发展，从新花色、新花型，到不同的生长条件。同时，培育目的也在发生变化。所以，ADR 竞赛试种规定也随之发生变化。

ADR 参赛品种在试种场不施用任何化学药物是为判断品种的自然美和自然生育能力。所以，ADR 奖得主是高于一般品质标准的月季品种，例如以下获奖品种：

1979 年‘塞维利亚娜’（‘La Sevillana’）

1982 年‘博尼卡 82’

　　　　‘安吉拉’

1991 年‘超级埃克塞尔萨’（‘Super Excelsa’）

1992 年‘法兰克福棕榈园’（‘Palmengarten Frankfurt’）

1994 年‘梅昂宾果’

1995 年‘阿斯匹林玫瑰’（‘Aspirin Rose’）

1996 年‘夏日黄昏’（‘Sommerabend’）

2001 年‘爱普可乐’（‘Aprikola’）

2002 年‘乐天利’（‘Rotilia’）

2003 年 '粉红斯瓦尼'（'Pink Swany'）

2004 年 '小宝贝'（'Knirps'）

2005 年 '大爱茉莉'（'Grande Amore'）

'红色达芬奇'（'Red Leonardo da Vinci'）

2006 年 '艾拉绒球'（'Pomponella'）

'霍勒夫人'（'Frau Holle'）

'生机'（'Alive'）

2007 年 '亚斯米娜'（'Jasmina'）

'路波'（'Lupo'）

'宇宙'（'Kosmos'）

2008 年 '浪漫美人'（'Belle Romantica'）

'卡尔普罗波格'（'Karl Ploberger'）

2009 年 '索莱罗'（'Solero'）

'拉佩拉'（'La Perla'）

2013 年 '诺瓦利斯'（'Novalis'）

2014 年 '格雷芬·戴安娜'（'Graefin Diana'）

'伊夫林'（'Evelin'）

ADR 月季中的芳香品种有'阿斯匹林玫瑰'、'冰山'、'宇宙'，黄色的'太阳仙子'，粉色的'安吉拉（攀援）'等。

丰花月季大多不香，而'太阳仙子'则是丰花月季中稀有的高品质芳香品种，释放清甜的水果香气。

早开，花瓣大，花色是刺眼的黄色，且不褪色。

‘太阳仙子’（‘Friesia’）

‘太阳仙子’ ‘Friesia’

中文名称：太阳仙子

学　　名：R.‘Friesia’

别　　名：Sun Sprite

种　　类：丰花月季（F）

香　　味：强香

香　　型：果香型

原 产 地：德国

年　　代：1977 年

培 育 者：Reimer Kordes

花　　色：黄色

花　　径：8cm

花　　型：重瓣。开花初期为环抱型的圆瓣杯型，随着花开，稍有剑瓣呈现，成为平开型

树　　高：1m

树　　形：树形图 1 号“四季开花形”，半直立，具有半横展性

花　　季：四季开花

长　　势：花多，抗病性强，可推荐给初学者

应　　用：适合花坛、盆栽

交配亲本：Friedrich Worlein × Spanish Sun

'阿斯匹林玫瑰' 'Aspirin Rose'

中 文 名 称：阿斯匹林玫瑰
学　　　名：R.'Aspirin Rose'
别　　　名：Glacier Magic、Special Child
获　　　奖：1995 年入选 ADR
种　　　类：灌丛月季（S）
香　　　味：微香
香　　　型：轻淡
原 产 地：德国
年　　　代：1997 年
培 育 者：Hans Jürgen Evers（Tantau）
花　　　色：白色到浅红色
花　　　径：4cm
花　　　型：半剑瓣平开型，团簇开花，一团可开出
　　　　　　15 ～ 20 朵花
树　　　高：1 m
树　　　形：半攀援形
花　　　季：四季开花
长　　　势：强健，多花，花期长
栽培难度：容易栽培，适合初学者
应　　　用：适合盆栽、尖顶花架、低矮篱墙、窗前
交配亲本：RT 83 350 × The Fairy
名称由来：为纪念药品阿司匹林诞生 100 周年，
　　　　　　配以最强健品种的形象

　　'安吉拉'香味很淡，如果不是推荐多，应该不会选在本书内进行介绍。当有人问，四季开花的粉色系攀援月季可推荐哪些品种？那么，行家首先一定会回答'安吉拉'。

　　'安吉拉'四季开花性强，在欧洲是用作四季开花的中花直立品种。高温多湿地区长势好，可成攀援月季。

　　'安吉拉'的花朵呈杯型，甚是可爱，开满一面墙时非常壮观，是花色和花型都给人利落感觉的优秀品种，无与伦比。

　　倘若冬季修剪，春天的第一茬花将会直立绽放。

'安吉拉' 'Angela'

中文名称：	安吉拉
学　　名：	R.'Angela'
种　　类：	攀援丰花月季（CIF）
香　　味：	微香
香　　型：	清爽的香气
获　　奖：	竞赛常胜品种
原 产 地：	德国
年　　代：	1984 年
培 育 者：	Kordes
花　　色：	粉红
花　　径：	6cm
花　　型：	半重瓣，圆瓣杯型开花，呈团簇状
树　　高：	2.5 m
树　　形：	树形图是 4 号的"古老月季树形"，攀援直立
花　　季：	四季开花
长　　势：	强健，花多，是对初学者的特别推荐品种
应　　用：	花坛、丝网、篱墙、花拱、花架
交配亲本：	Yesterday × Peter Frankenfeld

'安吉拉'（'Angela'）

'宇宙' 'Kosmos'

中文名称: 宇宙

学　　名: R.'Kosmos'

种　　类: 丰花月季（F）

获　　奖: 2007 年入选 ADR

香　　味: 香

香　　型: 茶香中混合水果和大马士革现代香，是高雅和清爽的甜香。香味持续时间长，不腻

原 产 地: 德国

年　　代: 2006 年

培 育 者: W. Kordes & Sons

花　　色: 奶白色，中心是浅杏色。花色不特别，与任何庭院植物都协调

花　　径: 8cm

花　　型: 杯型、丛生型开花，花瓣数 70 枚。属于古典风格的大花品种，枝条稍呈弯弓型，给人柔软的感觉

树　　高: 1.5 m

树　　形: 有横展性

花　　季: 四季开花

长　　势: 强健，耐暑，特别对黑斑病抗性强

栽培难度: 容易栽培，适合初学者

交配亲本: 不祥

'宇宙'（'Kosmos'）

第六节
德国巴登－巴登芳香月季

　　巴登—巴登（BADEN-BADEN）月季竞赛也具有世界权威性，每年 6 月在德国著名温泉疗养地巴登—巴登举办，参赛品种数量位居第二。

　　竞赛设有金奖、芳香奖以及金牌、银牌、铜牌奖等，以 2009 年为例，获得金奖的是柯德斯培育的'阿帕切'（'Apache'），获得芳香奖的是法国育种公司欧拉（Orard）培育的古典花型紫红色强香品种。金牌、银牌、铜牌奖对杂交茶香月季、丰花月季、迷你月季、地被月季、灌丛月季和攀援月季各有设置。2009 年获得杂交茶香月季金牌奖的是梅昂培育的，获得丰花月季金牌奖的是柯德斯培育的，迷你月季没有金牌奖品种，银奖品种是坦淘培育的'美白娃娃脸'（'babyface'），地被金牌月季是获得金奖的'阿帕切'，灌木月季金牌奖是比利时比巴（VIVA Int.）培育的'达仙德里亚'（'Taxandria'），攀援金牌月季是德国育种公司瓦尼（Wänninger）培育的白色攀援月季'文树德'（'Unschuld'）。

　　其他早期获奖品种如下：

　　1953 年　金奖'狂欢节'（'Mardi Gras'）

　　1955 年　金奖'月亮精灵'（'Moonsprite'）

金牌奖 '奥啦啦'（'Olala'）

1958 年　金奖 '冰山'

1959 年　金奖 '二重奏'（'Duet'）、'瑞云香'（'Pink Parfait'）

1961 年　金奖 '汉兹尔哈德'（'Heinz Erhardt'）

1962 年　金奖 '玛利娜'（'Marlena'）、'爸爸梅昂'

1964 年　金奖 '皇家汉凯'（'Henkell Royal'）、'由纪女士'（'Youki San'）

1968 年　金奖 '出轨'（'Escapade'）

1971 年　金奖 '祝福'（'Blessings'）

1972 年　金奖 '瑞士金'（'Schweizer Gold'）、'太阳精灵'（'Sunsprite'）

金牌奖 '太阳仙子'

1973 年　金牌奖 '怜悯'（'Compassion'）、'洋娃娃'（'Dolly'）

1974 年　金奖 '眼彩'（'EyePaint'）

1975 年　金奖 '昨日'（'Yesterday'）

1976 年　金奖 '博比查尔顿'（'Bobby Charlton'）

金牌奖 '红双喜'

1979 年　金奖 '红色芭蕾伶娜乐团'（'Marjorie Fair'）、'莎莉福尔摩斯'

1980 年　金牌奖 '雷根斯贝格'（'Regensberg'）

1981 年　金奖 '和谐'（'Harmonie'）

1983 年　金奖 '美蔷薇'（'Bella Rosa'）

1985 年　金牌奖 '罗曼史'（'Romanze'）

1988 年　金牌奖 '阿斯特丽德林格伦'（'Astrid Lindgren'）

1989 年　金奖 '绿光'（'Ryokko'）

1990 年　金牌奖 '白地被'（'White Cover'）

1992 年　金牌奖'纪念马赛尔普鲁斯特'（'Souvenir de Marcel Proust'）

1993 年　金奖'森佰拉'（'Zambra'）

金牌奖'汉斯艾里尼'（'Hans Erni'）

1996 年　金奖'夏日童话'（'Sommermarchen'）

1997 年　金奖'金品'（'Goldelse'）

1998 年　金牌奖'钻石边'（'Diamond Border'）

21 世纪获奖品种如下：

2001 年　金牌奖'环境'（'Ambiente'）

2002 年　金奖'烛光'（'Candle Light'）

2003 年　金奖'帕斯泰拉'（'Pastella'）

2004 年　金奖'最美海角'（'Fairest Cape'）

2005 年　金牌奖'骗子'（'The Charlatan'）

2006 年　金牌奖'金门'（'Golden Gate'）

2007 年　金牌奖'命运女神'（'Fortuna'）

2008 年　金牌奖'仲夏'（'Midsummer'）

2010 年金奖是法国育种公司得乐葩培育的粉红带金黄的古典花型 HT 月季，2011 年金奖是坦淘培育的'汉萨城市罗斯托克'（'Hansestadt Rostock'），2012 年金奖是柯德斯培育的'美湖'（'Schöne vom See'），2013 年金奖是英国育种公司哈克尼斯（'Harkness'）培育的'詹妮弗玫瑰'（'Jennifer Rose'），2014 年金奖是意大利育种公司达拉（Dalla Libera）培育的。

在此还要特别提到的是芳香奖得主，1978 年'伊达尔戈'（'Hidalgo'），1985 年英国介绍的'奥黛丽威尔科克斯'（'Audrey Wilcox'），1993 年'弗雷德里克·米斯塔尔'（'Frederic Mistral'），1995 年'紫罗兰香'（'Violette Parfumee'），2000 年'安纳布尔纳峰'（'Annapurna'），2010 年是法国育种公司尼普（NIPP）

培育的，2011 年是英国哈克尼斯培育的'山度士美人'（'Chandos Beauty'），2012 年是丹麦鲍森培育的'奈美'（'Naomi'），2013 年是坦淘培育的'舒美'（'Schöne Maid'），2014 年是法国育种公司罗塔（Reuter）培育的。

其他还有巴登大臣奖等得主，2008 年'多洛米蒂'（'Dolomiti'），2009 年'达仙德里亚'（'Taxandria'），2010 年'白佳人'（'Bajazzo'）和卡吉诺（Casino）奖得主'冬日阳光'（'Winter Sun'）等。

'弗雷德里克·米斯塔尔' 'Frédéric Mistral'

中文名称：弗雷德里克·米斯塔尔
学　　名：R.'Frédéric Mistral'
种　　类：杂交茶香月季（HT）
获　　奖：1993 年巴登—巴登国际竞赛芳香奖；1994 年意大利蒙扎（Monza）竞赛芳香杯奖；1994 年勒罗尔克斯（Le Roeulx）竞赛芳香杯奖；1994 年贝尔法斯特（Belfast）竞赛最佳芳香奖
香　　味：强香
香　　型：浓郁的甜香
原 产 地：法国
年　　代：1995 年
培 育 者：Alain Meilland
花　　色：柔和粉色
花　　径：9cm
花　　型：半剑瓣高蕊开花，花瓣数 40 ~ 45 枚
树　　高：1.5 m
树　　形：直立形
花　　季：四季开花
长　　势：强健
栽培难度：容易栽培。夏天生出长芽，冬季短修剪后可使之树状开花
交配亲本：Perfume Delight × Prima Ballerina
名称由来：以获得诺贝尔文学奖的法国作家弗雷德里克米斯塔尔（Frédéric Mistral）命名，他写有《普罗旺斯》登诗篇，曾领导 19 世纪的奥克语（普罗旺斯语）文艺复兴

'弗雷德里克·米斯塔尔'（'Frédéric Mistral'）

第七节
法国巴格代拉芳香月季

巴格代拉国际月季竞赛（Concours International de Roses Nouvelles de Bagatelle）始于 1907 年，是在法国巴黎设立的世界最早月季新品种竞赛活动，也是当今最权威的国际月季竞赛之一。由于是世界最权威月季新品种竞赛，育种者们都纷纷为争取金牌聚集而来，使该竞赛参赛品种位居第一。

巴格代拉国际月季竞赛在 2007 年迎来了它的百岁纪念。评审历时两年，第一年于 6 月和 8 月实施，第二年于 6 月实施，由巴黎市的园艺专业人员负责做两年详细记录。在 6 月的第三个星期四，各国评委代表交换信息，并公布最终评审结果。

竞赛举办地巴格代拉公园因竞赛而著名，种有 1 万株月季。巴格代拉公园位于巴黎市区布洛涅森林（Bois de Boulogne）一角，建于 1905 年。20 世纪初，天才园林设计师让 - 克洛·德 - 尼古拉·弗里斯蒂（Jean-Claud Nicolas Forestier，1861 — 1930）从莫奈等印象派画家的作品获得灵感设计了这个让月季芳香包围的公园。"巴格代拉"的法语是"小而可爱"的意思。

巴格代拉新品种竞赛设有一等奖、二等奖、芳香奖等奖项，芳香奖项还分为公共芳香奖和儿童芳香奖。此外，还有巴格代拉景观月季国际竞赛。

2014 年获得芳香奖的是英国沃纳（C. Warner）培育的‘芭芭拉’（‘Barbara Ann’），2013 年公共芳香奖得主是法国亚当（Adam）培育的‘甜蜜快乐’（‘Sweet Delight’），儿童芳香奖是丹麦鲍森培育的‘伊莲佩姬’（‘Elaine Paige’），2012 年芳香奖是丹麦鲍森的‘奈美’等。‘她’（‘Elle’）是 1999 年获得芳香奖的品种。

‘她’ ‘Elle’

中文名称：她
学　　名：*R.* ‘Elle’
种　　类：杂交茶香月季（HT）
获　　奖：2005 年入选 AARS;1999 年获巴格代拉国际月季竞赛芳香奖;1999 年获得日内瓦国际月季竞赛银奖
香　　味：强香
香　　型：包含果香的强烈大马士革香
原 产 地：法国
年　　代：1999 年
培 育 者：Meilland
花　　色：红黄双色。外瓣为柔和的粉色，中心是杏黄色。色彩丰富，微妙混合，呈现温暖气氛
花　　径：12cm
花　　型：圆瓣，环抱开花。花瓣数 50 ～ 55 枚。花开到尾声呈杯型
树　　高：1.2 m
树　　形：直立形，有横展性
花　　季：四季开花
长　　势：强健
栽培难度：一般
应　　用：适合庭院栽植和盆栽。
交配亲本：Chicago Peace × Tchin-Tchin
名称由来：以法国著名杂志《ELLE》命名

'她'（'Elle'）

'伊芙伯爵'（'Yves Piaget'）

'伊芙伯爵' 'Yves Piaget'

中文名称：伊芙伯爵

学　　名：R.‘Yves Piaget’

别　　名：Queen Adelaide、Royal Brompton Rose、The Royal Brompton Rose

种　　类：杂交茶香月季（HT）

获　　奖：1982 年巴格代拉国际竞赛芳香奖；1982 年日内瓦国际竞赛金奖和芳香奖

香　　味：强香

香　　型：大马士革现代香型

原 产 地：法国

年　　代：1984 年

培 育 者：Marie-Louise Meilland

花　　色：桃红色，特点是花瓣凹部有嵌纹

花　　径：14cm ～ 15 cm

花　　型：像芍药开花，花瓣数 70 ～ 80 枚

树　　高：1 ～ 1.2 m

树　　形：半直立形。虽然因浓香和花朵巨大很有存在感，但植株并不大，紧凑

花　　季：四季开花

长　　势：强健

栽培难度：容易栽培

应　　用：适合盆栽、花坛、切花

交配亲本：［（Pharaoh × Peace）×（Chrysler Imperial × Charles Mallerin）］×
　　　　　Tamango

'罗西' 'Tino Rossi'

中文名称: 罗西

学　　名: R. 'Tino Rossi'

种　　类: 杂交茶香月季（HT）

获　　奖: 1989 年巴格代拉国际竞赛芳香奖

香　　味: 强香

香　　型: 大马士革香型，浓郁的甜香

原 产 地: 法国

年　　代: 1990 年

培 育 者: Meilland

花　　色: 粉色，中心部为粉红色

花　　径: 9cm

花　　型: 半剑瓣高蕊开花

树　　高: 1 m

树　　形: 直立形，有横展性。枝条伸展缓慢，枝条多发

花　　季: 四季开花

长　　势: 强健，抗病性强

栽培难度: 一般

交配亲本: 调查中

名称由来: 为纪念法国歌手蒂诺·罗西（Tino Rossi，1907 — 1983）命名

'罗西'（'Tino Rossi'）

　　贝尔法斯特国际月季竞赛（Belfast Rose Trials）是北爱尔兰月季协会主办的月季竞赛活动，举办地点在北爱尔兰贝尔法斯特的托马斯爵士与迪克森夫人公园（Sir Thomas and Lady Dickson Park），中文也称作"英国玫瑰花园"。

　　公园面积 130 英亩（0.53 km²），内有草坪、树林、滨河地带、月季园、围墙庭院、日本庭院等，也有儿童游乐场、咖啡厅、越野场地和许多散步道。公园属于贝尔法斯特市，管理也由市里负责。

　　1959 年，迪克森夫人将公园移交给贝尔法斯特市民，园内装点着她对已故丈夫托马斯爵士的记忆。第一批月季是在 1964 年种下的，次年夏天实施了第一次月季评审，评审团由 1964 年成立的北爱尔兰月季协会派出。

　　该竞赛设有金牌奖和最佳芳香奖等奖项，最佳芳香奖得主有 1964 年的'亚瑟贝尔'（'Arthur Bell'），1971 年的'男爵夫人罗斯柴尔德'（'Baronne Edmond de Rothschild'），1972 年的'亚历克红'（'Alec's Red'），1987 年的'罗斯玛丽哈克尼斯'（'Rosemary Harkness'），1994 年的'弗雷德里克米斯塔尔'，2009 年的'贝弗莉'（'Beverly'），2012 年的'歌德玫瑰'等。

'亚历克红'（'Alec's Red'）

'亚历克红' 'Alec's Red'

中文名称：亚历克红
学　　名：R.'Alec's Red'
种　　类：杂交茶香月季（HT）
获　　奖：1972 年
香　　味：强香
香　　型：大马士革现代香型
原 产 地：英国
年　　代：1970 年
培 育 者：Alexander Cocker
花　　色：红色
花　　径：15cm
花　　型：半剑瓣高蕊开花，花瓣数 45 枚，团簇开花
树　　高：1 m
树　　形：树形图 1 号"四季开花形"，直立形
花　　季：四季开花
长　　势：强健，花瓣结实，花多
栽培难度：容易栽培
应　　用：适合盆栽、花坛
交配亲本：Duftwolke × Dame de Coeur

'贝弗莉' 'Beverly'

中文名称: 贝弗莉

学　　名: R.'Beverly'

种　　类: 杂交茶香月季（HT）

获　　奖: 1972 年

香　　味: 强香

香　　型: 茶香型，用法国调香师的话说，是熟桃和荔枝混在一起的清爽香味

原 产 地: 德国

年　　代: 2007 年

培 育 者: W. Kordes & Sons

花　　色: 质感丰富的粉色

花　　径: 12cm

花　　型: 剑瓣高蕊开花，花瓣数 75 枚

树　　高: 1.2 m

树　　形: 有横展性树形

花　　季: 四季开花

长　　势: 强健，即使叶片被打落，恢复能力也很强。耐热、耐寒，多花。对白粉病和黑斑病抗性强

栽培难度: 容易栽培，适合初学者

应　　用: 适合盆栽、花坛

交配亲本: 不详

'贝弗莉'（'Beverly'）

第九节
日本新潟国际芳香月季新品种竞赛

对月季按芳香分类，在世界上也是近些年才开始的。世界第一个芳香月季园在日本新潟。

新潟位于日本北部越后，世称"雪国"。日本有三大月季试种场，这里是其中之一，属规模较大的。2001 年 6 月，新潟县长冈市的北陆公司所属月季园关闭，市民强烈要求月季园的月季能够继续存活。为响应市民要求，国营越后丘陵公园接受了这些月季，建起了世界上第一个以芳香月季为主题的月季园，于 2003 年 5 月开园。该园是日本国营越后丘陵公园的一部分，由 7 个主题区组成，其中芳香月季区以芳香为主题表现月季魅力，按 6 种月季香型种植月季。

自 2005 年，新潟的芳香月季园开始举办一年一度的国际芳香月季竞赛，通过竞赛聚集世界各地的芳香月季。中国月季协会也为第 2 届和第 4 届竞赛寄送了参赛芳香月季，成为中国参加国际月季竞赛的最初也是至今所有的记录。在芳香学术领域，该园与资生堂合作，提高了芳香月季的实用性和芳香研究的商业性。

新潟芳香月季竞赛的目的在于提高按香型欣赏月季的月季园魅力，特别鼓励适合寒冷多雪地区月季品种的参赛。

参赛月季苗在园内试种场管理两年后成为评审对象。从以下评

入口大花架展示月季历史

特制抗雪花架

月季花拱非一日而就，待攀援月季爬满花架
即成为每年吸引游客的看点

审原则和分数配比可以看出，评审重点是考察各月季品种的芳香性。

评审原则：最为注重芳香性

满分100分，各项指标分数配比如下：

芳香性：30分

生育力：10分

病虫害抗性：15分

开花状态、花朵的美丽：15分

气候耐性：5分

新鲜度：15分

整体印象：15分

100分满分中芳香性占30分的分数配比曾是铃木省三先生提倡的。在世界各国举办的竞赛活动中，芳香性一般只占5分，可见新潟芳香月季竞赛的特点。

景观月季，芳香漫草

第十节
其他国际月季竞赛

一、日内瓦国际月季竞赛

日内瓦国际月季竞赛（Concours International de Roses Nouvelles de Geneve）于每年 6 月在瑞士日内瓦举行，开始于 1946 年，是目前参赛品种数量位居世界第三的国际月季竞赛活动。

参赛月季种植在中文称作"玫瑰园"的日内瓦格朗日公园（Parc de la Grange），历经两年的评审打分，每年选出优秀月季品种颁发各种奖项。

自 2007 年，格朗日公园的月季接受了完全的有机栽培管理，参赛品种的抗病性有观察记录作为根据。参赛品种要在这里生长两年，所以，2009 年以后获奖的月季品种均为有机栽培获奖月季。

在诸多月季竞赛中，采用完全有机栽培法的目前只有日内瓦国际月季竞赛。寻找抗病性强的月季可从该竞赛 2009 年以后获奖品种中选择。

日内瓦国际月季竞赛设有金奖、最美女士月季奖、记者最深印象奖、创新奖等奖项，对杂交茶香月季、丰花月季、迷你月季、灌丛月季、攀援月季、地被月季分别有金牌和银牌奖，另外还有芳香杯奖。

2009 年以后获得芳香杯奖的品种有 2009 年法国梅昂子公司梅昂理查德尔（Meilland Richardier）培育的粉红强香 HT 品种，2010 年英国沃纳培育的获得记者最深印象奖、攀援月季银牌奖和芳香杯奖的紫红色攀援月季，2011 年法国梅昂理查德尔培育的获得 HT 月季金牌奖、日内瓦城市奖和芳香杯奖的古典花型淡粉色强香月季品种，2012 年法国梅昂培育的获得 HT 月季金牌奖、日内瓦城市奖和芳香杯奖的古典花型粉红色强香月季，2013 年法国得乐范培育的古典花型 HT 强香月季'雷吉马孔'（'Regis Marcon'），2014 年法国罗塔培育的红色 HT 月季。

二、海牙国际月季竞赛

海牙国际新品种月季竞赛于每年 6 月第二个星期四在荷兰海牙举办，赛场在威斯特布洛克（Westbroek）公园。该奖也有芳香奖。

威斯特布洛公园建于 1961 年，每年夏天有 2 万株月季开花，来自世界各地的育种者展示各种类型的品种，包括灌丛月季、丰花月季、攀援月季、庭院月季、大花月季等。

公园一年四季有花，植物有 150 种以上。除月季园外，还有游船、缆车等娱乐场所，微型高尔夫球场，中国餐厅等，游客可在这里度过充实的一天。

2014 年获得芳香奖的是丹麦鲍森培育的'伊莲佩姬'（'Elaine Paige'），该品种同时获得 HT 月季铜牌认证奖。重瓣，淡粉，且花朵下部呈现深粉衬托的效果，浓香，也在 2013 年巴格代拉国际月季竞赛中获得儿童月季芳香奖。

2013 年芳香奖得主是德国柯德斯培育的'纪念巴登－巴登'（'Souvenir de Baden-Baden'），是一种粉色清香的 HT 月季。

2012 年获得芳香奖的也是德国柯德斯培育的，叫'拉古那'（'Laguna'），是一种浓香攀援月季，花多，花色粉红，盛开时非常壮观。

2011 年获得芳香奖的还是柯德斯培育的，是'贝弗莉'，该品种曾获得 2009 年贝尔法斯特国际月季竞赛芳香奖。

2010 年获得芳香奖的是法国梅昂培育的粉白色强香月季'庭院王子'（'Le Prince Jardinier'）。

2009 年芳香奖得主是以黄色为基调的混色 HT 月季'芳香记忆'（'Scented Memory'），由丹麦鲍森培育。

三、马德里国际月季竞赛

马德里国际新品种月季竞赛于每年 5 月在西班牙马德里的玫瑰花园体育场（La Rosaleda–the Retiro's rose garden）举办。

这里的月季园是近年来新建的。公园是 1915 年由园艺师塞西利奥·罗德里格斯（Cecilio Rodríguez, 1865－1953）兴建，原型为巴黎的巴格代拉月季园。罗德里格斯去巴黎旅行时获得灵感，回到马德里就用他从巴黎带回的月季开始了月季园的建设，这些月季成为该园的第一批月季。以后，随着时间的推移，许多欧洲著名园艺师带来了更多的月季。

不幸的是，世界大战期间原始月季园被完全毁坏，直到 1941 年庭院重建，才恢复种植了 4 000 株月季。

马德里国际月季竞赛也设有芳香奖，2014 年的获奖品种是粉和

杏黄混合的淡色灌丛月季，由法国苏华杰（Sauvageot）培育；2013
年获奖的是法国夏娃和拉多（Eve and Rateau）培育的粉色 HT 月季；
2012 年获奖的是得乐菷培育的强香中花月季；2011 年获奖的是比利
时比巴培育的紫色古典花型强香月季；2010 年获奖的是法国得乐菷
培育的淡粉色 HT 月季，该月季品种同时获得第 54 届马德里城市奖；
2009 年获奖的是法国欧拉培育的紫红色灌丛强香月季。

四、罗马国际月季竞赛

每年 5 月在意大利罗马举办国际月季竞赛（Premio Roma per
Nuove Varieta di Rose），每次竞赛给最多 2 种取得最高分的月季品
种授奖。

该竞赛于 1933 年设立，由意大利罗马市主办，"蓝月"就是
1964 年获得金奖的品种。2010 年日本京成月季公司培育的月季获得
金奖，获奖后征集花名，后来确定为"快举"。

该竞赛也设有芳香奖。2009 年法国梅昂理查德尔培育的深粉古
典花型强香 HT 月季获奖；2010 年法国尼普培育的深红色带白纹 HT
强香月季'疯狂时尚'（'Crazy Fashion'）获奖；2011 年法国梅
昂理查德尔培育的朦胧粉色 HT 强香月季获奖，该月季品种同时获得
HT 月季组金牌奖和儿童人气奖；2011 年意大利巴尼（Barni）培育
的杏黄色丰花芳香月季获奖；2013 年德国坦淘培育的红色月季'真理'
（'Gospel'）获奖；2014 年意大利达拉培育的开花很多的粉色攀
援强香月季获奖。

第五章

芳香月季的香型

第一节
月季香型的分类

一、月季香味的两大系统

月季并不是所有品种都有香味，有香味的月季品种叫香味月季、芳香月季。而且，芳香月季的香味也浓淡不同，分为强香、香和微香。

芳香月季有香型种类的不同，一种月季并非仅释放一种香气，而是若干种香味混合在一起。不同品种的月季各香味所占比例也不一样，一般以比例较高的香味归属该月季品种的香型。也就是说，即使是归纳为某一香型的月季，也包含不同香型的香气成分和芳香物质。各月季品种产生不同成分的香气物质，芳香物质比例也有所不同，所以各月季品种在芳香性方面各显差异。

芳香月季的香味分为欧洲玫瑰的大马士革香型和中国月季的茶香型两大系统，这两大系统的香气影响着所有现代月季品种。大马士革香源于欧洲玫瑰，在世界品牌香水历史中一直发挥重要作用；茶香源于中国月季，是现在乃至未来有待研发的重要香味系统。

大马士革香源于加利卡玫瑰和腓尼基蔷薇，香气以豪华的浓郁

甜香为特点。茶香源于大花香水月季和庚申月季，香气高贵、优雅，
好像红茶和紫花地丁的香气，还混合了扩散性紫罗兰酮的香气。

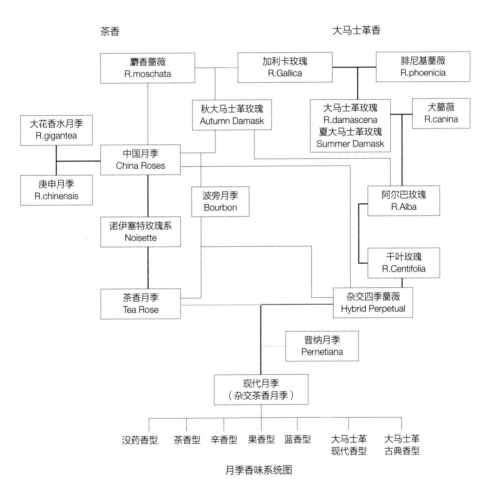

月季香味系统图

以上两种香味系统中最为重要的 8 个原种祖先为加利卡玫瑰、
腓尼基蔷薇、大马士革玫瑰、阿尔巴玫瑰、千叶玫瑰、庚申月季、
大花香水月季和麝香蔷薇。

二、芳香月季的香调

　　月季通称花中之王，月季品种数以万计，月季文化源远流长，还有月季芳香类型不同，使芳香月季的文化内容为其他任何花卉所不能比拟。

　　在音乐的世界里，我们使用"音调"这个词汇，在香味的世界，则用"香调"来表示芳香的综合感觉。我们说贝多芬奏鸣曲的音调感觉有"来自悲哀的快乐"，我们说'芳纯'月季的香调是不浓也不淡，"有她不腻，没她会想念"。

　　采用气相色谱法（GC/MS，Gas Chromatography Mass Spectrometry）可分析出各月季品种所含芳香物质和各香气成分所占比例等，取得相关数据，然后再将芳香成分数据表现为可视的芳香图。各月季品种的香调也是根据气相色谱法绘制成香调图来表现。

　　在日本东京附近有一个营业额可观的国际庭院和月季展销会，每年一度，世界各国的著名月季育种企业都有出展。近几年，芳香月季一直持续成为该展销会的主题，也是最为吸引人的魅力。不香的月季受到冷落，芳香月季人气显著上升，充分体现了当前的月季国际流行趋势。展会一共6天，很多人不只去一次，还有天天去的，简直可以和迪士尼的票房一较高下。

　　在2014年的这个展销会上，以芳香月季为特点的法国得乐葩（Delbard）园艺公司的品种仍保持最盛的人气地位，在月季的芳香育种研究方面，得乐葩公司可谓一枝独秀。

　　注重芳香性的得乐葩公司在介绍其月季品种时，采用香味塔图表现各月季品种的香味特点。香味塔图以闻香者的立场绘制，位于顶部的是最初闻到的香味，有心情的影响和冲动；中部是嗅觉沉稳

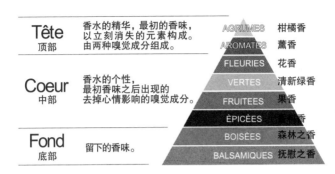

得乐葩香味塔图

和理智后闻到的香味；底部是留在记忆里的香味。介绍各月季品种时，都配有以下香味组成塔图，可见，每种月季的香味并不单一。

　　法国调香师将月季的芳香分为初期感觉到的香气、从月季中心感觉到的香气，以及花败时感觉到的残香。得乐葩月季图册上的每一个品种都配有金字塔式的芳香说明图，可以像挑选香水那样选择月季品种。

　　得乐葩香味塔图表现的是闻香立场，但从芳香物质的挥发过程方面同样可分为开始、中途和最后 3 个阶段。开始阶段的芳香物质属于最容易挥发的轻量成分，中途阶段是中度成分，最后是重量成分，也就是最难挥发的成分。

　　得乐葩园艺公司于 1935 年由乔治·得乐葩（Georges Delbard，1906—1999）创建，月季的育种是从 1954 年开始的，创业者乔治在芳香、有光泽的色彩、优秀的资质等品种育成方面倾注了毕生的热情。代表作有好像天鹅绒光泽的深红色月季"得乐葩夫人"（Madame Delbard），是世界各地种植较多的红色系月季品种之一。现在是乔治的儿子安利·得乐葩（Henri Delbard）和孙子阿尔诺·得乐葩（Arnaud Delbard）继承了家业，沿袭创业时的哲学，不断创作出新鲜的形式。

　　日本蓬田月季香味研究所将芳香月季的香调归纳为 10 种，　用圆形芳香成分构成图视觉化表现。

　　开始阶段的头香为轻量芳香成分，有两种香调——香草绿色香调和焕新绿色香调。香草绿色香调包括针叶树叶、柑橘皮等气味，含有特征性芳香物质的单萜（Monoterpene）烃等成分。焕新绿色香调是揉搓植物叶时感受的新鲜绿叶香气成分。

　　中途阶段的中香为硬质芳香成分，有大马士革甜香调、果香花香调、茶香药香调、茶香紫罗兰香调、辛香调、没药香调 6 种香调。

　　大马士革甜香调包括月季的 4 种主要香气成分——香茅醇（citronellol）、香叶醇（geraniol）、橙花醇（nerol）和苯基乙醇（phenylethyl alcohol）。

　　果香花香调是让人想起水果及各种花香的酯（ester）、醇（alcohol）、醛（aldehyde）等成分。

　　茶香药香调是稍有潮湿的酚（phenolic）的药香成分，伴有辛香，是只有茶香型月季才含有的独特芳香成分，经过刚泼过水的花店前能够闻到这种香气。因含有比例与其他芳香成分协调，所以给人高

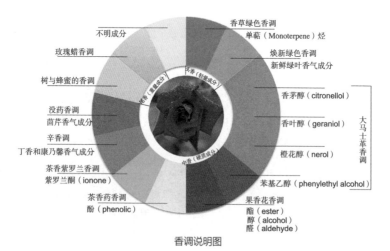

香调说明图

雅、有品位的红茶香印象。现代月季品种几乎都含有这个芳香成分，只是所占比例各有不同。

茶香紫罗兰香调是红茶和紫花地丁中所含紫罗兰酮（ionone）为特征的香气成分。

辛香调是丁香和康乃馨中多含的特征性香气成分。

没药香调是好像茴芹的味道，稍带苦味、甜中伴青臭的芳香成分。

最后阶段的尾香为重量芳香成分，有树与蜂蜜和玫瑰蜡两种香调。树与蜂蜜的香调让人想起木材和蜂蜜的倍半萜烯（Sesquiterpene）系列烃和醇等成分。玫瑰蜡是易挥发的中沸点化合物，源于花蜡，稍有油脂和蜡的味道，对月季的特征性芳香影响不大，只起到柔和保持月季香的作用。

蓬田月季香味研究所对6种重要芳香原种月季进行了香气成分分析，根据其分析结果绘制成芳香成分构成图可明显看出，中国原产庚申月季和大花香水月季多为茶香调的黄色部分，庚申月季的主要芳香成分是1,3,5-三甲氧基苯（1,3,5-Trimethoxy benzene），大花香水月季多含芳香成分二甲氧基甲基苯（1,3-dimethoxy-5-methyl benzene），而大马士革玫瑰等欧洲原种月季则多为大马士革香调的粉红色部分。

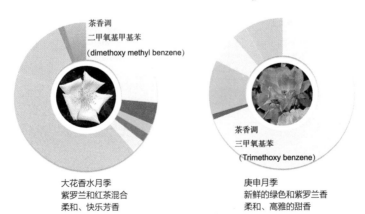

茶香月季原种香调图

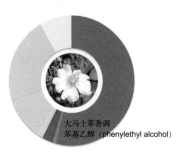

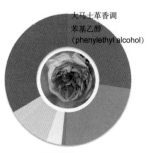

腓尼基蔷薇
清爽甜香与柑橘香调混合
同时有水果香的感觉

药用玫瑰
清爽浓香
强烈、甜蜜

大马士革香月季原种香调图－1

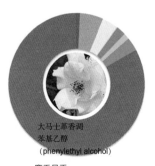

大马士革玫瑰
强烈的甜香中混合了
树莓、桃的果香

麝香月季
粉状香辛料的香气
和稍强的大马士革甜香

大马士革香月季原种香调图 -2

　　此外，蓬田月季香味研究所还对一些芳香月季代表品种进行了香气成分分析，根据其分析结果绘制成各种月季的芳香成分构成图可形象地理解月季的芳香性。

'西洋景'　　　　　　　　　　　　'红双喜'
茶香型　　　　　　　　　　　　　果香型

芳香月季代表品种香气成分图 -1

'薰乃'　　　　　　　　　　　　'爸爸梅昂'
大马士革现代香型和果香型　　　大马士革现代香型

芳香月季代表品种香气成分图 -2

'蓝月'　　　　　　　　　　　　'芳纯'
蓝香型　　　　　　　　　　　大马士革古典香型和茶香型

芳香月季代表品种香气成分图 -3

'法兰西'
大马士革现代香型

'丹提贝丝'
辛香型

芳香月季代表品种香气成分图 -4

三、现代月季的 7 种香型

现代月季的芳香结合了欧洲玫瑰的大马士革香和中国月季的茶香，这种结合后的香味就是现在一般所说的"月季香"。月季有月季香，同时，许多品种还有明显的红茶香、辛香、水果香、茴芹等芳香特点。为描述月季香的芳香特点，需要把芳香月季进行分类。芳香元素有上千个，月季香味的分类方法也不止一种，按日本蓬田香味月季研究所的分类方法，月季香味分为两大系统、7 个香型。7 个香型的分类是通过仪器分析芳香成分后归纳而成的，分别为大马士革香古典香型、大马士革现代香型、茶香型、果香型、蓝香型、辛香型和没药香型。

异味蔷薇的香气没有包含在上述 7 种香型之内，但源于异味蔷薇的许多黄色月季品种都继承了异味蔷薇的香气。异味蔷薇的"异味"是恶臭的意思，但用鼻尖轻轻闻一下会觉得是柑橘果皮的清爽甜香。深吸气闻的话才会感觉在深处有油臭味，潜伏着亚麻仁油的味道。

伴随月季香味研究的发展，目前，千余种月季芳香元素中已有一半以上获得了分析数据，按香型分区种植月季已成为可能。

古典大马士革香是月季的典型香气，清爽、浓甜，具有大马士革玫瑰与千叶玫瑰的强烈甜香和加利卡玫瑰的清爽之香。一般说的月季香指的就是这种古典芳香，现代月季品种中少有这种香气。古典大马士革香多含大马士革甜香香调的特征香气成分苯基乙醇，但也有茶香和果香味道。大马士革古典香型的代表品种有 '芳纯'（'Hoh-Jun'）、'蒂芙尼'、'格拉纳达'、'塞西尔布伦纳'（'Cecille Brunner'）、'马尔迈松的纪念'、'英格兰玫瑰'，还有 '香久山'（'Kaguyama'）、'广岛的呼唤'（'Hiroshima Appeal'）、'夏威夷'（'Hawaii'）、'医生'（'The Doctor'）、'梦幻花园'（'Gartentraume'）、'五月微笑'（'May no Hohoemi'）、'梦中人'（'Dream Lover'）、'开球'（'Kick off'）、'庞巴度玫瑰'（'Rose Pompadour'）、'新娘'（'La Mariee'）、'风香'（'Fuuka'）、'萨拉斯瓦蒂'（'Sarasvati'）、'绘里女士'（'Lady Eri'）、'香贵'（'Koki'）、'摩纳哥公主'（'Princesse do Monaco'）、'胭脂虎'（'Purple Tiger'）、'地车哨子'02'（'Danjiri Bayashi'02'）等。

　　'芳纯'可谓是聚集了月季主要优点的芳香名花，且各种特点协调、和谐，既有温暖的粉色外表，也有容易栽培的强健内在。

　　芳香性当然还是'芳纯'的最大优点，有"月季香水代名词"之称。因为它太过怡人的香气，成为其育种者铃木省三先生最为喜爱的品种，也被列入"芳香之最现代月季七品种"名单。

　　铃木先生曾加入化妆品厂资生堂的"月季园"系列产品开发。'芳纯'的培育目的就是资生堂想用香水再现现代月季的芳香。资生堂和京成月季园合作研发芳香月季是具有划时代意义的历史事件，成为以后专门培育芳香月季的开端。

　　'芳纯'的芳香育种研发活动历时5年，从近千个品种中诞生了芳香性出类拔萃的月季名花，之后，资生堂制造了同名香水"芳纯"，成为广为流传的佳话。

　　在'芳纯'发表后30多年的今天，它作为芳香月季的代名词君临月季世界。花姿优雅，橘粉色和玫瑰色形成绝妙的色调交响，芳香性可谓好中之最，香气扣人心弦。植株虽不大，但长势旺盛，且多花，花期长，用于盆栽月季也是非常值得推荐的皮实品种。

　　走进月季园的草坪，凑近'芳纯'，你会闻到它的温柔甜香。那不是化妆品的香气，而是'芳纯'制造了化妆品的香气。现在市面可见的资生堂"月季园"系列产品就是采用了'芳纯'的芳香物质。

'芳纯' 'Hoh-Jun'

中文名称：芳纯
学　　名：R.'Hoh-Jun'
种　　类：杂交茶香月季（HT）
香　　味：强香
香　　型：大马士革古典香型
年　　代：1981年
育 种 者：铃木省三
原 产 地：日本
花　　色：桃色
花　　径：14cm
花　　季：四季开花
花　　型：半剑瓣、高蕊
树　　高：1.5～1.8m
树　　形：树形图1号"四季开花形"，直立、灌丛，有横展性
树　　势：强，可给初学者推荐
应　　用：适合花坛，庭院栽植
交配亲本：Granada×Kronenbourg

'芳纯'（'Hoh-Jun'）

'香久山'（'Kaguyama'）

'香久山' 'Kaguyama'

中文名称：香久山
学　　名：R.'Kaguyama'
种　　类：杂交茶香月季（HT）
香　　味：强香
香　　型：大马士革古典香型
原 产 地：日本
年　　代：1975 年
培 育 者：田中泰助
花　　色：高雅的、浅淡的、隐约可见的粉白色，整体呈淡黄色
　　　　　的深浅层次，花朵边缘挂有淡粉色
花　　径：13cm
花　　型：剑瓣高蕊开花，花朵王者风范，具有压倒其他品种美
　　　　　丽的魄力，一直保持人气。利落、爽快、优美、雅致
树　　高：1 ~ 1.2 m
树　　形：树形图 1 号"四季开花形"，半直立树形，小型
花　　季：四季开花
长　　势：一般
栽培难度：一般
应　　用：适合盆栽、庭院栽植
交配亲本：十六夜（Izayoi/1968/ 田中泰助）× Garden Party
名称由来：香久山是奈良大和山之一

'摩纳哥公主' 'Princesse do Monaco'

中文名称: 摩纳哥公主

学　　名: R.'Princesse do Monaco'

种　　类: 杂交茶香月季（HT）

香　　味: 香

香　　型: 大马士革古典香型

原 产 地: 法国

年　　代: 1982 年

培 育 者: Marie-Louise Meilland

花　　色: 底色为白色，有桃红色覆轮

花　　径: 15cm

花　　型: 半剑瓣高蕊开花

树　　高: 1.2～1.5 m

树　　形: 树形图 1 号"四季开花形"，有横展型树形

花　　季: 四季开花

长　　势: 强健，对黑斑病抗性稍弱

栽培难度: 适合初学者

应　　用: 适合盆栽，花坛

交配亲本: Ambassador×Peace

名称由来: 献给摩纳哥已故王妃格蕾丝·凯利的名花

'摩纳哥公主'（'Princesse do Monaco'）

　　'塞西尔布伦纳'是一个花色与花型完美协调的品种，枝条纤细，给人亲切的印象。修长枝条的先端生出整齐排列的花蕾，突出表现了线条美的特点，尚未全开时更为可爱。而且，刺少，容易打理。

　　'塞西尔布伦纳'还有攀援品种，叫'攀援塞西尔布伦纳'（'Climbing Cécile Brünner'），别名有 Buttonhole Rose，Fiteni's Rose，Madame Cécile Brunner, Climbing，Mademoiselle Cécile Brunner, Cl.，Mignon, Climbing，是'塞西尔布伦纳'的芽变品种，于 1894 年由美国 Franz P. Hosp. 发表。

'塞西尔布伦纳' 'Cecille Brunner'

中文名称：塞西尔布伦纳
学　　名：R.'Cecille Brunner'
别　　名：甜心玫瑰（Sweet Heart Rose）/ Mademoiselle Cécile Brünner / Maltese Rose / Mignon
种　　类：多花蔷薇（Pol）
香　　味：香
香　　型：大马士革古典香型
原 产 地：法国
年　　代：1880 年
培 育 者：Pernet Ducher
花　　色：淡粉
花　　径：小花
花　　型：重瓣
树　　高：0.5 m
树　　形：直立
花　　季：四季开花
长　　势：强健，花多
交配亲本：Polyantha alba plena sarmentosa × Madame de Tartas

'塞西尔布伦纳'（'Cecille Brunner'）

'庞巴度玫瑰' 'Rose Pompadour'

中文名称： 庞巴度玫瑰

学　　名： R.‘Pompadour’

种　　类： 灌丛月季（S）

香　　味： 强香

香　　型： 大马士革古典香型，清爽的月季香中调和了明快的果香、柠檬香、绿叶香等各种味道，形成华丽的香气。属于特别有芳香魅力的品种

获　　奖： 日本越后丘陵公园第五届国际香味月季新品种竞赛银奖

原 产 地： 法国

年　　代： 2009 年

培 育 者： Arnaud Delbard

花　　色： 薰衣草粉色，伴随开花从艳丽的庞巴度粉色变成淡薰衣草色

花　　径： 10cm ～ 12cm

花　　型： 杯型开花，伴随花开变成丛生花型

树　　高： 1.5 m

树　　形： 灌丛，半攀援

花　　季： 四季开花

长　　势： 强健，淡绿色的枝条看着纤细，但抗病性很强，也非常茂密

栽培难度： 适合初学者

应　　用： 作为小攀援月季，用于花拱和柱形花架的造型可最大限度发挥魅力。可强修剪，也可做盆栽欣赏

交配亲本： 不详

名称由来： 源于洛可可伯爵夫人喜欢的庞巴度粉

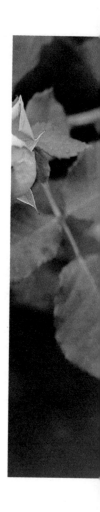

‘庞巴度玫瑰’（‘Rose Pompadour’）

'新娘' 'La Mariee'

中文名称：新娘

学　　名：R. 'La Mariee'

种　　类：丰花月季（F）

香　　味：香

香　　型：大马士革古典香型，茶香中调和了清爽的柠檬果皮香和甜香，令人感觉焕然一新

获　　奖：日本越后丘陵公园第五届国际香味月季新品种竞赛铜奖

原 产 地：日本

年　　代：2008 年

培 育 者：河本纯子

花　　色：春天是樱花粉色，秋天变成丁香色。叶色深绿

花　　径：8cm

花　　型：多重花瓣，花瓣有波纹。优雅，利落

树　　高：1 m

树　　形：直立形，放射性开花，适于插花

花　　季：四季开花

长　　势：一般，花期长

栽培难度：一般，耐热性强

应　　用：适合盆栽和庭院栽植，也可用于切花

交配亲本：不详

名称由来：就像是可爱婚礼气氛中身穿礼服的新娘，法语为"新娘"之意

'梦中情人' 'Dream Lover'

中文名称：梦中情人

学　　名：R.'Dream Lover'

种　　类：迷你月季（Min）

香　　味：香

香　　型：大马士革古典香型。从浓郁的月季香里能感觉到莲花的气息。高雅的芳醇香气，与瑞香的香气很像

获　　奖：日本越后丘陵公园第四届国际香味月季新品种竞赛银奖

原 产 地：英国

年　　代：1998 年

培 育 者：Colin A. Pearce

花　　色：丁香粉色，带粉色的薰衣草色，充满浪漫色彩，与花名"梦中情人"之意非常匹配

花　　径：4cm

花　　型：开始近乎平开，伴随绽放，变成碎花开花，是有变化的花型

树　　高：0.6 m

树　　形：直立形，有半横展性，分枝好，紧凑小型

花　　季：四季开花

长　　势：在薰衣草色的月季中属于耐性强的，而且，没有薰衣草色月季特有的高温期生理性落叶现象，夏季过后，叶片仍非常丰满。在薰衣草色迷你月季中，属于最强健的品种

栽培难度：适合初学者栽培

应　　用：最适合盆栽，也可栽于庭院

交配亲本：不详

名称由来：梦里见到的恋人

'梦中情人'（'Dream Lover'）

现代大马士革香比古典大马士革香更加浓郁，继承了大马士革的古典芳香，但因为香气成分配比不同，芳香特点显得更浓。多含大马士革甜香香调的香叶醇和橙花醇，少含苯基乙醇。大马士革现代香型的代表品种有'爸爸梅昂'、'法兰西'、'亚历克红'、'林肯先生'、'伊芙伯爵'、'阴谋'，还有'薰乃'（'Kaoruno'）、'墨红'（'Crimson Glory'）、'香雪'（'Neige Parfum'）、'黑王'（'Charles Mallerin'）、'玛格利特·美林'（'Margaret Merril'）、'幸运女人'（'Lady Luck'）、'柔和暮光'（'Velvety Twilight'）、'圭先生'（'Mister Kei'）、'皇山'（'Kouzan'）、'真夜'（'Mayo'）等。

'香雪'（'Neige Parfum'）

'香雪' 'Neige Parfum'

中文名称：香雪
学　　名：*R.* 'Neige Parfum'
种　　类：杂交茶香月季（HT）
香　　味：强香
香　　型：大马士革现代香型，大马士革与果香混合的浓郁芳香
原 产 地：法国
年　　代：1942 年
培 育 者：Charles Mallerin
花　　色：淡黄上挂有白色
花　　径：12cm
花　　型：半剑瓣高蕊开花，古典花型，能看出温柔茶香月季的
　　　　　影子。典雅，利落，清爽
树　　高：1～1.3 m
树　　形：树形图1号"四季开花形"，直立形
花　　季：四季开花
长　　势：强健，花多，生长慢
栽培难度：一般
应　　用：适合盆栽
交配亲本：Joanna Hill × White Ophelia × 实生
名称由来：法语为"雪香水"之意

'黑王'（'Charles Mallerin'）

'黑王' 'Charles Mallerin'

中文名称: 黑王
学　　名: R. 'Charles Mallerin'
种　　类: 杂交茶香月季（HT）
香　　味: 强香
香　　型: 大马士革现代香型
原 产 地: 法国
年　　代: 1951 年
培 育 者: Francis Meilland
花　　色: 黑红，黑红月季中品质最高，花瓣有光泽
花　　径: 15cm
花　　型: 剑瓣高蕊开花，花瓣数 30 枚
树　　高: 1.5 ～ 1.8m
树　　形: 树形图 1 号"四季开花形"，直立形
花　　季: 四季开花
长　　势: 一般，抗病性稍弱，刺多
栽培难度: 一般
应　　用: 适合盆栽和庭院栽植。
交配亲本:（Rome Glory × Congo ）× Tassin
名称由来: 育种者尊师的名字，表示育种者对尊师的敬意

'黑王'是'爸爸梅昂'、'林肯先生'、'奥克拉荷马'（'Oklahoma'）等许多名花的父母。

'幸运女人' 'Lady Luck'

中文名称: 幸运女士

学　　名: R. 'Lady Luck'

种　　类: 杂交茶香月季（HT）

香　　味: 强香

香　　型: 大马士革现代香型

原 产 地: 美国

年　　代: 1956 年

培 育 者: A.J.Miller

花　　色: 柔和粉色，带粉红色。随着季节的变化，花瓣边缘会出现裂纹，很有特色

花　　径: 11cm

花　　型: 半剑瓣高蕊开花。花型整齐，是用于竞赛可得到高度评价的品种。

树　　高: 1 ~ 1.2 m

树　　形: 树形图 1 号"四季开花形"，有半横展性树形

花　　季: 四季开花，早开

长　　势: 强健

栽培难度: 适合初学者。几乎没刺，容易管理

应　　用: 树形小，适合盆栽

交配亲本: Tom Breneman × Show Girl

'幸运女人'（'Lady Luck'）

'薰乃' 'Kaoruno'

中文名称：薰乃

学　　名：R.'Kaoruno'

种　　类：丰花月季（F）

香　　味：强香，离开一些距离也能感受到随风飘散
　　　　　的清甜芳香

香　　型：大马士革现代香型，大马士革香和茶香混
　　　　　合的甜香，含蓄，悠远，典雅

原 产 地：日本

年　　代：2008 年

培 育 者：武内俊介

花　　色：整体淡黄色，中心粉色

花　　径：6 ～ 7cm

花　　型：杯型开花。有透明感的花朵和细腻的波状
　　　　　花瓣赋予薰乃以特殊的存在感，有很尖锐
　　　　　的刺，花瓣数 25 枚。古典、利落、清爽、
　　　　　优美、典雅

树　　高：1 m

树　　形：直立形

花　　季：四季开花

长　　势：强健，耐寒、耐暑

栽培难度：容易栽培

应　　用：适合盆栽和庭院栽植，薰乃月季曾在日本
　　　　　各种芳香月季竞赛中获奖，京成园艺还推
　　　　　出了用薰乃月季香做成的"薰乃"品牌香
　　　　　水、固体香水、手油、果酱等产品

交配亲本：不详

名称由来：女孩的名字

'薰乃'（'Kaoruno'）

月季的茶香以红茶香为特征，是柔和且容易感受亲切的香气，包含大花香水月季和中国月季的特有香气成分。茶香的香气为中等浓度，以绿色植物和紫罗兰香为基调，给人优雅的印象。扩散性强，是现代月季中包含最多的核心芳香成分。茶香香调的来源是多含笨1,3-dimethoxy-5-methyl。茶香型的代表品种有'希灵登夫人'（'Lady Hillingdon'）、'金枝玉叶'（'Royal Highness'）、'贝弗莉'、'月季先生'、'艾玛汉密尔顿夫人'（'Lady emma Hamilton'）、'埃斯米拉达'（'Esmeralda'）、'温德米尔'（'Windermere'），还有'布拉班特公爵夫人'（'Duchesse de Brabant'）、'游园会'（'Garden Party'）、'法国花边'（'French Lace'）、'西洋景'（'Diorama'）、'大富豪'（'Grand Mogul'）、'春芳'（'Shunpo'）、'秋月'（'Shu-getsu'）、'天津乙女'（'Amatsu-Otome'）、'桃香'（'Momoka'）、'红茶'（'Black Tea'）、'保罗·史密斯先生'（'Sir Paul Smith'）、'暗恋'（'Silent Love'）、'斯德哥尔摩'（'Stockholm'）、'北方香水'（'North Fragrance'）、'夏洛滕堡'（'Charlottenburg'）、'樱花'（'Mi Cerezo'）、'花雪洞'（'Hanabonbori'）、'布拉德福德'（'Bradfoad'）、'艾

伯丁'（'Albertine'）、'感谢'（'Kansha'）、'步'（'Ayumi'）、'美味气氛'（'Delicious Mood'）等。

　　'希灵登夫人'是当今世界各地生产茶香月季的代表品种，人气很高，特别是收集古老月季品种的粉丝大多都有这个品种。它姿态庄重、高雅，花型利落、明快，枝条纤细，芳香浓郁。

　　茶香月季的花径一般都不大，'希灵登夫人'属于其中大花的，但在整体现代月季中，它属于中大花。开花时外瓣呈半剑瓣型。如棣棠的花色，春天淡，秋日浓。反复开花，从春到秋，甚至冬季都有花可赏。植株茂密，呈灌木形，叶色灰绿，枝条泛红，辉映整体。杏黄色花朵含笑开放，因枝条伸展性好而稍有低头俯视，表现出含蓄的魅力风情。

　　'希灵登夫人'的芳香性也是别具一格的，可以说，在当下所有杂交茶香月季（HT）中，都没有花色杏黄还芳香性如此优越的。它的香气类似干燥的红茶叶，浓烈、远飘，构成优雅空间，可谓名副其实的茶香月季典型。决定其香气的是它含有"大花香水月季"和其他中国月季的特征芳香物质"苯甲醛二甲缩醛（Dimethoxymethyl-benzene）"。

　　之所以命名为'希灵登夫人'，是因为其育种者 Lowe & Showyer 住在伦敦自治区（London borough）的希灵登，他培育这个品种又是在希灵登男爵的庭院，所以就以夫人命名了。

　　'希灵登夫人'还有芽变品种的'攀援希灵登夫人'，1917年发表，强香，花径 8cm，树高 4m，抗病性强，可特别推荐给初学者。在应用方面，花坛、盆栽、隔离网、篱墙、花柱、花拱、壁面等都适合。

'希灵登夫人' 'Lady Hillingdon'

中文名称：希灵登夫人
学　　名：*R.* 'Lady Hillingdon'
别　　名：金华山
种　　类：茶香月季（T）
香　　味：强香、类似红茶的甜香
香　　型：茶香型
原 产 地：英国
年　　代：1910 年
培 育 者：Lowe & Showyer
花　　色：杏黄色，花瓣先端发白
花　　径：9 cm
花　　型：高蕊、剑瓣
树　　高：1 ～ 1.5m
树　　形：树形图 1 号"四季开花形"
花　　季：四季开花
应　　用：适合盆栽、庭院栽植
栽　　培：喜光、抗病性强
交配亲本：Papa Gontier x Madame Hoste

'埃斯米拉达'（'Esmeralda'）

　　'埃斯米拉达'是柯德斯浓香品种，洋溢温暖的香气。虽然柯德斯月季的特长是皮实，但进入它的芳香系列，其香味也是好到极致的。'埃斯米拉达'花多，花型从圆瓣到半剑瓣，花容美丽，花色鲜艳。光叶也很耀眼，植株低矮，有横展性，茂密，是上好的花坛应用品种。

'埃斯米拉达' 'Esmeralda'

中文名称：埃斯米拉达
学　　名：*R.*'Esmeralda'
别　　名：Keepsake
种　　类：杂交茶香月季（HT）
香　　味：强香
香　　型：茶香型，具有强烈的茶香气
原 产 地：德国
年　　代：1981 年
培 育 者：Kordes
花　　色：玫瑰粉
花　　径：10～12 cm
花　　型：剑瓣高蕊开花，花瓣数 30～35 枚
树　　高：1.5～1.8 m
树　　形：树形图 1 号"四季开花形"，有横展性
花　　季：四季开花
长　　势：强健
栽培难度：容易栽培
应　　用：适合花坛和盆栽
交配亲本：实生 × Red Planet

'大富豪' 'Grand Mogul'

中文名称: 大富豪
学　　名: R.'Grand Mogul'
种　　类: 杂交茶香月季（HT）
香　　味: 强香
香　　型: 茶香型
原 产 地: 法国
年　　代: 1965 年
培 育 者: Delbard
花　　色: 浅杏色，越向中心颜色越浓，是具有高雅气度的攀援月季
花　　径: 15cm
花　　型: 半剑瓣高蕊开花
树　　高: 2.5 m
树　　形: 攀援树形，在欧洲归属 HT 月季，但也可以归属到攀援月季
花　　季: 四季开花，从春到秋不断反复开花，稍修剪即开花
长　　势: 强健，生长旺盛，可长成大树
栽培难度: 是初学者也能养好的品种
应　　用: 适合庭院栽植
交配亲本: Sultane × Chic Parisien

'大富豪'（'Grand Mogul'）

'游园会'（'Garden Party'）

'游园会' 'Garden Party'

中文名称：游园会

学　　名：*R.* 'Garden Party'

种　　类：杂交茶香月季（HT）

获　　奖：1982 年 AARS 入选

香　　味：香，清香

香　　型：茶香型

原 产 地：美国

年　　代：1959 年

培 育 者：H.C.Swim

花　　色：淡黄，花瓣边缘带有淡淡的粉色，增添了优雅的气质

花　　径：12cm

花　　型：半剑瓣高蕊开花

树　　高：1.4 ～ 1.7 m

树　　形：半横展性

花　　季：四季开花

长　　势：强健

栽培难度：一般

应　　用：适合盆栽

交配亲本：Charlotte　Armstrong × Peace，"父母"一方为'和平'，所以是明快的大花品种

名称由来：游园会的形象，清爽，明快，典雅

'艾玛汉密尔顿夫人'（'Lady emma Hamilton'）

'艾玛汉密尔顿夫人' 'Lady emma Hamilton'

中文名称：艾玛汉密尔顿夫人

学　　名：R. 'Lady emma Hamilton'

种　　类：灌木月季（S）

香　　味：强香

香　　型：茶香型，有非常强烈的果香，在茶香中混合了天竺葵和橘皮香，好像梨和葡萄、柑橘类的香气混合在一起，清爽而甜香，是协调的高雅香气，扩散性强，曾在法国南特（Nantes）芳香竞赛中获最高奖

原 产 地：英国

年　　代：2005 年

培 育 者：David Austin

花　　色：明亮的橙色。花蕾比较坚硬的时候是暗红色带少许橙色，待花朵全开之后，花瓣表面呈现鲜艳的橙色，其中掺杂黄色，内侧是浓橙色，与青铜色的墨绿叶片形成对比，非常美丽

花　　径：8cm

花　　型：重瓣，花瓣数 40 枚的杯型

树　　高：1～2 m

树　　形：茂密的灌木形，半直立

花　　季：四季开花，持续开花。

长　　势：强健，抗病性强，耐寒、耐暑，花多惊人

栽培难度：适合初学者。干燥地区更容易生长

应　　用：适于盆栽和花坛，栽植花境是非常显眼的品种

交配亲本：调查中

名称由来：艾玛汉密尔顿是第一代纳尔逊子爵霍雷肖·纳尔逊（Vice Admiral Horatio Nelson, 1st Viscount Nelson，1758–1805）恋人的名字

'温德米尔'（'Windermere'）

'温德米尔' 'Windermere'

中文名称：温德米尔
学　　名：R.'Windermere'
种　　类：灌木月季（S）
香　　味：强香
香　　型：茶香型，茶香中混合甜润果香、柑橘香，香气高雅，好像蜂蜜般协调
原 产 地：英国
年　　代：2006 年
培 育 者：David Austin
花　　色：富贵的奶白色，阳光下呈现完全的白色
花　　径：8cm
花　　型：开花从圆形花苞开始，开花后呈杯型。花瓣数有 80 枚之多，花朵丛
　　　　　生型
树　　高：0.75 ～ 1.25 m
树　　形：较其他英国月季稍矮，是紧凑的灌木形
花　　季：四季开花，花期末都能看到开花
长　　势：强健，抗病性强，耐寒、耐暑。易出芽枝，刺少
栽培难度：适合初学者
应　　用：适于盆栽和地栽，也适合尖顶花架、丝网
交配亲本：实生 × 实生
名称由来：温德米尔是英格兰西北湖泊地区的最大湖的名字，英格兰旅游名胜

'樱花'（'Mi Cerezo'）

'樱花' 'Mi Cerezo'

中文名称: 樱花
学　　名: R.'Mi Cerezo'
种　　类: 灌丛月季（S）
香　　味: 强香
香　　型: 茶香型，柠檬的新鲜和苹果的果香与茶香调和在一起，是一种滋润的高雅香气
获　　奖: 日本越后丘陵公园第五届国际香味月季新品种竞赛金奖
原 产 地: 日本
年　　代: 2012 年
培 育 者: 友景保
花　　色: 淡粉色，向中心部逐渐变浓
花　　径: 11cm
花　　型: 圆瓣杯型开花，团簇开花
树　　高: 1.2 m
树　　形: 灌丛形
花　　季: 四季开花
长　　势: 花多
栽培难度: 适合初学者
应　　用: 适合庭院栽植，枝条可伸展到 1.5 m
交配亲本: 不详

'北方香水' 'North Fragrance'

中文名称: 北方香水

学　　名: R.'North Fragrance'

种　　类: 丰花月季 (F)

香　　味: 强香

香　　型: 茶香型,有让人安神的茶香,是温柔、亲和的香气

获　　奖: 日本越后丘陵公园第三届国际香味月季新品种竞赛市长奖

原 产 地: 日本

年　　代: 2009 年

培 育 者: 吉池贞藏

花　　色: 柠檬色到白色,花开最后在花朵边缘挂有淡粉色

花　　径: 10cm

花　　型: 杯型开花,丛生花型,多头四五朵花

树　　高: 1.3 m

树　　形: 半直立树形

花　　季: 四季开花

长　　势: 生长旺盛,花多,花期长

栽培难度: 容易栽培

应　　用: 适合盆栽、庭院栽植。也可用于切花享受其芳香

交配亲本: 不详

'北方香水'('North Fragrance')

'夏洛滕堡'（'Charlottenburg'）

'夏洛滕堡' 'Charlottenburg'

中文名称：夏洛滕堡
学　　名：R.Charlottenburg
种　　类：丰花月季（F）
香　　味：香
香　　型：茶香型，在茶香中调和了好像绿苹果的果香香调，新鲜，有亲和感
获　　奖：日本越后丘陵公园第四届国际香味月季新品种竞赛铜奖
原 产 地：丹麦
年　　代：2010 年
培 育 者：Pernille and Mogens N. Olesen
花　　色：大红色
花　　径：8cm
花　　型：团簇开花，花瓣数 25 枚，古老月季花形
树　　高：0.8 ～ 1 m
树　　形：灌丛形，紧凑
花　　季：四季开花
长　　势：整个花季一直开花
栽培难度：容易栽培
应　　用：适合盆栽
交配亲本：不详

'布拉德福德'（'Bradfoad'）

　　'布拉德福德'和上述'夏洛滕堡'都是丹麦第一的月季育种公司波尔森（Poulsen Roser）培育的。波尔森公司拥有130年历史，总裁帕尼和摩根斯·奥利森（Pernille and Mogens N. Olesen）夫妇是盆栽月季品种的创始人，于20世纪70年代最先培育推出了盆栽月季品种，让本来地栽的月季可以用花盆欣赏。以后，波尔森公司又进而培育微型月季品种，成为微型月季的代名词。现在，适合室内外的盆栽月季品种共计15个系列，生产遍布世界各地，也在各种国际月季竞赛中获得高度评价。

　　微型月季大多不香，芳香微型月季品种极为稀罕，波尔森的育种挑战可谓是使月季走入时尚的先驱。

'布拉德福德' 'Bradfoad'

中文名称：布拉德福德
学　　名：R.'Bradfoad'
种　　类：丰花月季（F）
香　　味：香
香　　型：茶香型，在茶香中有苹果的清澈绿色之香，是美丽的香气
获　　奖：日本越后丘陵公园第五届国际香味月季新品种竞赛市长奖
原 产 地：丹麦
培 育 者：Pernille and Mogens N. Olesen

'保罗·史密斯先生' 'Sir Paul Smith'

中文名称：保罗·史密斯先生

学　　名：R. 'Sir Paul Smith'

种　　类：攀援月季（CL）

香　　味：强香

香　　型：茶香型，从茶香中能感觉到新叶的清爽香气

获　　奖：日本越后丘陵公园第三届国际香味月季新品种竞赛铜奖

原 产 地：英国

年　　代：2006 年

培 育 者：Peter Beales

花　　色：浓粉色，优美，高雅，明亮

花　　径：10cm

花　　型：高蕊圆瓣开花，环抱式

树　　高：2 ～ 3m

树　　形：攀援形

花　　季：四季开花

长　　势：强健，花多，枝条纤细

栽培难度：容易栽培，喜光

应　　用：适合花拱、墙面、篱墙、窗前、庭院栽植

交配亲本：Louise Odiere × Aloha

名称由来：服装设计师保罗·史密斯先生的妻子在丈夫生日那天，
　　　　　以丈夫名字命名而赠送的月季，与"保罗·史密斯月季"
　　　　　香水同时发表

'保罗·史密斯先生'（'Sir Paul Smith'）

顾名思义，果香型就是以水果味为特征的香气，多含大马士革甜香香调成分和果香花香调的酯类成分，还有各种醛也是它的芳香特征成分。茶香香调成分的比例不同让人想起桃、香蕉、杏、苹果等果实的香味。桃、树莓、杏等香气是加利卡玫瑰、大马士革玫瑰在杂交过程中产生的，所以，一般能感觉到与茶香混合的香气。法国调香师对高山草莓、树莓、西番莲、梨、香蕉、葡萄、哈密瓜、热带水果等果香香调进行了非常细腻的描述，而且，还使用了烹饪水果的香气描述语言，可见饮食文化对芳香描述影响很大。果香型月季的代表品种有'红双喜'、'香云'、'鸡尾酒'、'金桂飘香'（'Duftgold'）、'太阳仙子'，还有'梦香'（'Yumeka'）、'莫利纳尔'（'La Rose De Molinard'）、'结爱'（'Yua'）、'真宇'（'Masora'）、'白圣诞'（'White Christmas'）、'香山'（'Fragrant Hill'）、'乐园'（'Rakuen'）等。

'金桂飘香'有一个别名，叫'香金'，就是芳香之金，与其特质非常贴切。

花色近乎小麦，花瓣数只有 10 ～ 15 枚，属于杂交茶香月季中比较少的，但花型看起来却很充实。虽然没有那么多豪华感，最大

‘金桂飘香’（‘Duftgold’）

的特点是有香。早期的黄月季基本都没有香味，但这个品种却释放浓郁的甜香。枝条少而长，泛红，叶片呈圆形，墨绿色。

一般来说，黄月季容易染病，‘金桂飘香’是相对抗病性较强的，但黄色品种还是要注意白粉病和黑斑病。

‘金桂飘香’‘Duftgold’

中文名称：金桂飘香
学　　名：R. ‘Duftgold’
别　　名：香金（Fragrant Gold）
种　　类：杂交茶香月季（HT）
香　　味：强香
香　　型：果香型
原 产 地：德国
年　　代：1981 年
培 育 者：Tantau
花　　色：鲜艳的黄色
花　　径：12cm
花　　型：重瓣，花瓣数 20 枚。剑瓣、高蕊开花
树　　高：1.2 ～ 1.5m
树　　形：树形图 1 号“四季开花形”，直立型
花　　季：四季开花
长　　势：树势强，多花，耐热，抗病性强
应　　用：适合盆栽，花坛
交配亲本：不详

'香山'（'Fragrant Hill'）

'香山' **'Fragrant Hill'**

中文名称：香山
学　　名：R.'Fragrant Hill'
种　　类：杂交茶香月季（HT）
香　　味：强香
香　　型：果香型
原 产 地：日本
年　　代：2004 年
培 育 者：寺西菊雄
花　　色：粉色，中心部稍浓。叶片半光泽
花　　径：13cm
花　　型：剑瓣盆状开花
树　　高：1.2 ～ 1.5 m
树　　形：树形图 1 号"四季开花形"，直立形
花　　季：四季开花
长　　势：强健，花多
栽培难度：一般
应　　用：适合盆栽和庭院栽植
交配亲本：不详
名称由来：是"芳香之丘"的意思

‘白圣诞’（‘White Christmas’）

‘白圣诞’ ‘White Christmas’

中文名称: 白圣诞

学　　名: *R.* ‘White Christmas’

种　　类: 杂交茶香月季（HT）

香　　味: 强香

香　　型: 果香型，芳香性极好，许多人成为其芳香的俘虏

原 产 地: 美国

年　　代: 1953 年

培 育 者: Howard&Smith

花　　色: 隐约有淡黄的白色，是白月季的代名词

花　　径: 15cm

花　　型: 半剑瓣杯型开花，独头花，在现代月季中占有核心地位，可
　　　　　称是杂交茶香月季的杰作，具有优雅的魅力

树　　高: 1.5 ～ 1.8 m

树　　形: 树形图 1 号"四季开花形"，直立形，灌丛状

花　　季: 四季开花

长　　势: 强健，多花，但施肥过多可能导致花朵受伤，要注意白粉病

栽培难度: 适合初学者

应　　用: 适合花坛和盆栽

交配亲本: Sleigh Bells × 实生

美国J&P育种公司也有同名品种,属于HT月季,得乐葩的'莫奈'是法国育种家以法国画家命名,也许更为合理。美法'莫奈'的区别首先是花色,虽然都是双色相间模纹,但得乐葩'莫奈'的模纹更有特点,而且还是丛生型开花。美国"莫奈"的花瓣层次比较单薄。双色相间模纹的月季品种有很多,但同花色、同花型的前所未见。

'莫奈' 'Claude Monet'

中文名称:莫奈
学　　名:R.'Claude Monet'
种　　类:灌木月季(S)
香　　味:强香
香　　型:最初感到的是香柠檬、枸橼等柑橘类香气,
　　　　　花心可感受洋梨等水果香,以及青草的香气,
　　　　　花败后残留的香气是开心果和香草的味道
原 产 地:法国
年　　代:2012 年
培 育 者:Georges Delbard
花　　色:黄色中有粉色花纹
花　　径:8～10cm
花　　型:丛生型
树　　高:1m
树　　形:直立型,紧凑,可爱
花　　季:四季开花
长　　势:花多,有抗病性
应　　用:适合盆栽、庭院栽植。虽说是灌木型,但和
　　　　　大多数得乐葩品种不同,可当作丰花月季管
　　　　　理,适合小空间的盆栽和花坛前栽植
交配亲本:不详

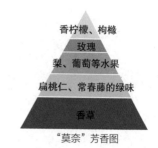

"莫奈"芳香图

'莫奈'（'Claude Monet'）

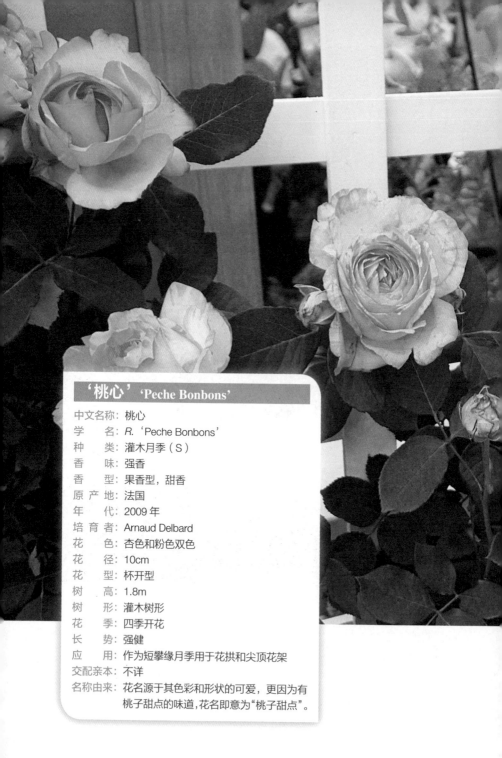

'桃心' 'Peche Bonbons'

中 文 名 称：	桃心
学　　名：	*R.* 'Peche Bonbons'
种　　类：	灌木月季（S）
香　　味：	强香
香　　型：	果香型，甜香
原 产 地：	法国
年　　代：	2009 年
培 育 者：	Arnaud Delbard
花　　色：	杏色和粉色双色
花　　径：	10cm
花　　型：	杯开型
树　　高：	1.8m
树　　形：	灌木树形
花　　季：	四季开花
长　　势：	强健
应　　用：	作为短攀缘月季用于花拱和尖顶花架
交 配 亲 本：	不详
名 称 由 来：	花名源于其色彩和形状的可爱，更因为有桃子甜点的味道，花名即意为"桃子甜点"。

'桃心' （ 'Peche Bonbons' ）

　　法国得乐葩培育的月季品种'娜艾玛'是现在众所周知的芳香月季优秀品种，花色像樱花般温柔，杯型开花，花朵不是很大，枝条柔软，先端开花。

　　四季开花的攀援品种已很珍贵，还有超强的芳香性，花型也美，花色又是万人迷，实在是一种难以找出缺点的完美度很高的芳香月季品种。

　　如果一定要找出缺点，或说喜好不同，那就是叶片稍微向内侧卷曲，还有不太擅长覆盖大面积壁面。不过，根据用途，攀缘月季

'莫利纳尔' 'La Rose De Molinard'

中文名称：莫利纳尔
学　　名：R. 'La Rose De Molinard'
别　　名：Delgrarose
种　　类：灌丛月季（S）
香　　味：强香
香　　型：果香型，花香中有强烈的水果甜香。芳香性极为优越，成为香水公司的形象月季
原 产 地：法国
年　　代：2008 年
培 育 者：Arnaud Delbard（Georges DELBARD SA），是培育者特别中意的品种
获　　奖：日本越后丘陵公园第二届国际香味月季新品种竞赛金奖
花　　色：明亮的粉色
花　　径：8cm～10cm
花　　型：杯型到丛生花型花朵
树　　高：1.5～2 m
树　　形：半攀援，种植需要留有一定空间
花　　季：四季开花
长　　势：非常强健，生长旺盛，病虫害抗性强
栽培难度：非常容易栽培，适合初学者
应　　用：适合尖顶花架、低矮篱墙、窗前
交配亲本：不详
名称由来：以法国南部香水制造商莫利纳尔（Molinard）的名字命名

'莫利纳尔'（'La Rose De Molinard'）

不太伸展有时也是优点，可以把树形管理得整齐、紧凑，以适合盆栽，也可阳台种植。如果深修剪，必定开出杰出的花朵。

'娜艾玛'作为种源也非常有价值，甚至可以说，它开启了攀缘月季的新时代。

'娜艾玛'名称源于娇兰香水，能让香水出名字，可见该品种有多么出色。

娇兰香水是从《一千零一夜》公主之一娜艾玛获得灵感培育的。《一千零一夜》中的娜艾玛公主善良、温柔，而且勇敢、热情，娇兰香水就是同时表现女性具有的两面性格。

1979年娇兰香水第四代调香师让·保罗·娇兰（Jean-Paul Guerlain，1937 - ）以法国作曲家莫里斯·拉威尔（Maurice Ravel,1875 - 1937）的《波莱罗舞曲》（Boléro）节奏为形象创作了名为'娜艾玛'的香水，甜柔之香与热情之香结合，好像不断变幻的魅惑节奏，成为醉人之香。

芳香月季'娜艾玛'在闻香时感觉到的就是一个字——甜。根据资生堂调香师蓬田胜之先生的芳香分析，玫瑰香一半，四分之一是果香，芳香描述是"具有麻醉性的甜香"。

'娜艾玛'（'Nahema'）

'娜艾玛' 'Nahema'

中文名称：娜艾玛
学　　名：R.'Nahema'
种　　类：攀缘月季（Cl）
香　　味：超强香
香　　型：果香型，柠檬草和玫瑰、果香混合的香气，甜而清爽
获　　奖：2006年岐阜月季竞赛银奖和最佳芳香奖
原 产 地：法国
年　　代：1998年
培 育 者：Georges Delbard
花　　色：明亮的粉色
花　　径：8cm～10cm
花　　型：杯开型
树　　高：1.8m，枝条可伸展到3 m
树　　形：攀缘树形，柔软型
花　　季：四季开花
长　　势：强健，容易栽培。刺少，好管理
应　　用：适合盆栽、庭院栽植
交配亲本：Grand Siecle × Heritage

柠檬草

玫瑰

桃、杏、洋梨

'娜艾玛'芳香图

'梦香'（'Yumeka'）

'梦香' 'Yumeka'

中文名称: 梦香

学　　名: *R.* 'Yumeka'

种　　类: 丰花月季（F）

香　　味: 强香

香　　型: 果香型，水果甜香中有柠檬的清爽之香，是非常融合的清爽香气

原 产 地: 日本

年　　代: 2007 年

培 育 者: 武内俊介（京成月季）

获　　奖: 首届日本越后丘陵公园国际香味月季新品种竞赛铜奖

花　　色: 稍带蓝色的粉色，花朵中心部位为浓粉色。与温柔的花形形成浪漫气质

花　　径: 7.5cm

花　　型: 半剑瓣环抱开花，5 ～ 10 朵花团簇绽放。花瓣数 45 ～ 50 枚

树　　高: 1.2 m

树　　形: 紧凑的灌丛形，有横展性

花　　季: 四季开花

长　　势: 强健

栽培难度: 容易栽培

应　　用: 适合盆栽和庭院栽植

交配亲本: 不详

名称由来: 女子名

蓝香是蓝色到紫色月季品种特有的芳香成分，蓝色系月季都有不同于其他花色月季的芳香物质，所以蓝色系月季的香气类型就被定为蓝香。

除一部分微香蓝色系月季外，所有蓝色系月季都有类似的香气，大马士革甜香香调较多，还混合了茶香。此外，据推测，蓝色系月季含有未知的特有香气成分。三得利公司开发的'喝彩'含有蓝香型月季的香气。在蓝香型芳香月季的代表品种'蓝月'（'Blue Moon'）和'蓝香'（'Blue perfume'）中都发现了微量的 2-isopropyl-4-methylthiazole，推测可能是蓝色系月季的特征芳香成分。蓝香型月季的代表品种还有'夜来香'（'Yelaixiang'）、'贝拉多娜'（'Bella Donna'）、'蓝光'（'Blue Light'）、'月影'（'Moon Shadow'）、'蓝河'（'Blue River'）、'梦幻之夜'（'Enchanted Evening'）、'蓝色情动'（'Emotion Bleu'）、'夏尔·戴高乐'（'Charles de Gaulle'）、'柔和紫红'（'Pastel Mauve'）等。

翻开英文字典，在 Blue Rose（蓝月季）条目中写着，"从未见过的事物"，也就是说，"蓝月季"是"不可能"的代名词。

自古以来，月季作为"花中之王"受到历代王侯将相的钟爱，现在世界上鲜切花营业额最高的仍然是月季，其次是百合，而且，月季的营业额要占到60％。月季种植历史已有五千年，月季品种也培育出很多，花色多彩，只是没有黑色和蓝色。很多育种家为培育蓝月季付出了努力，但只培育出淡紫色的，始终未能实现蓝月季的梦想。

现在大家看到的月季都源于世界各地的野生月季原种，四季开花的月季和黄色月季等都蕴含了育种家们的超凡热情和智慧。现在看到黄月季感觉没什么特殊，其实，黄月季也是100年前育种家历经艰辛从野生黄月季改良培育而成的。在过去800年的月季培育历史中，蓝月季一直是很多育种家的挑战和梦想。日本三得利公司与澳大利亚Phlorizin公司合作，历经14年的研发，终于在2004年，采用最先进的生物技术——转基因技术，成功培育出世界第一朵带有蓝色素的蓝月季，名叫'喝彩'，花语是"梦想成真"。

为什么蓝月季是不可能的呢？因为，月季是一种没有蓝色素的植物。

花卉的颜色主要由红色的矢车菊素（Cyanidin）、橘色的天竺葵

不可能的代名词"蓝月季"——'喝彩'（'Applause'）

素（Pelargonidin）和蓝色的花翠素（Delphinidin）配合而成，月季有红色、橘色、粉色等各种颜色，但都源于红色素的矢车菊素和桔色素的天竺葵素。黄月季则完全不同，黄色素源于特殊化合物类胡萝卜素（carotenoid）。一般来说，红月季里含红色的矢车菊素，橘月季里含橘色的天竺葵素，花翠素主要存在于龙胆（Gentian）和中国风铃草（Chinese bellflower）等花卉之中，花翠素也称作蓝色素。

　　花卉颜色的合成取决于该花卉中存在什么色素的基因，月季中没有蓝色素是因为没有合成蓝色所需要的基因，学术上叫作"类黄酮3'5'氢氧酶基因"（Flavonoid 3'5' hydroxylase gene）。

　　以往育种家挑战培育蓝月季主要采用逐渐褪掉红色而靠近蓝色的手法，但后来发现，月季本身没有蓝色素，无论怎样重复交配，也不可能交配出蓝月季，也就是说，只靠月季本身的改良是不可能培育出蓝月季的。为此，三得利公司就采用转基因技术，将蓝色基因输入到月季中，并让这个蓝色基因发挥作用，实现了在花瓣上近乎100%地保存蓝色素，蓝月季诞生了。

　　三得利的蓝月季的一个重要特点，从品种改良培育的蓝月季中分析不出蓝色素，而三得利的蓝月季含有100%的蓝色素。

　　那么，三得利的蓝月季到底是输入了怎样的蓝色素呢？传说是从牵牛花提取的，其实不然。

　　月季是红色的，紫罗兰是蓝色的。经过化学分析，大红月季富含红色的矢车菊素，紫罗兰里富含蓝色素。培育蓝月季就是要把蓝色素输入月季，而且还要让蓝色素真正能够在月季中生存，并发挥作用使其变蓝。

　　三得利公司曾成功地培育了蓝色康乃馨，其蓝色素是从牵牛花提取的。将牵牛花的蓝色素注入康乃馨，康乃馨花瓣就听话地变蓝了，但将同一蓝色素注入月季，月季却很任性，完全不变蓝。于是，三得利公司又尝试从龙胆等其他蓝色花卉提取蓝色素注入月季，但月季还是不变蓝。最终是三色堇的蓝色素适应了月季，在月季中制造了蓝色素。但是，红色素和蓝色素混在一起不美观。以后又做了许多抑制红色素而提高蓝色素比例的尝试，并尽量寻找容易变蓝的月季品种进行基因移植。

三得利的蓝月季研究成果有两个方面，一方面是提取蓝色素，另一方面是让蓝色素在月季中制造蓝色而诞生蓝月季。

其实，三得利的蓝月季并不是特别蓝，略显紫色，有些学者说，品种改良的蓝月季比三得利蓝月季更蓝。确实如此，但这也正是三得利蓝月季的研发理念和特点之一。

有些人奇怪，三得利公司不是生产威士忌和饮料的吗，怎么做起花卉研究来了。三得利公司的理念是"人与自然的交响"和"生活文化企业"等，最近的广告词是"与水共生的三得利"。实际上，三得利倡导的是，"有什么难事可以挑战的，那就试试看"。

20年前开始研发蓝月季是三得利已故总裁佐治敬三批准的。英国的国花是月季，苏格兰的代表色是蓝色，因为没有蓝月季，所以，佐治社长想开发出蓝月季，向威士忌发祥地苏格兰致敬。

三得利公司有会长给海外派驻职员亲笔写圣诞贺卡的习惯。在蓝月季研发过程中，会长写给澳大利亚派驻职员的是，"像盼望恋人一样期待蓝月季"，并对研发组长田中良和博士说，弄不出来，别回日本。

三得利蓝月季于2009年11月取得转基因植物流通许可，并开始市场销售，而在产品发布会上，三得利得到的是祝贺和"蓝月季不蓝而紫"两种反馈。其实，三得利对蓝月季的花色是这样考虑的。根据网络调查，蓝色是世界上人们最喜爱的颜色。而且，紫色和蓝色是高贵的象征，英文说"Blue Blood"是贵族的意思。三得利蓝月季实现了100%含有蓝色素，所以，是名副其实的蓝月季。作为月季商品，也因为具有贵族的高雅情调而倍受人们喜爱。

　　在此附上罗德雅德·吉卜林（Rudyard Kipling，1856～1936年）
的一首诗，题为《蓝月季》。

　　　　蓝月季
　　　罗德雅德·吉卜林
　　我为取悦恋人采摘了
　　红月季和白月季
　　她哪个都不要
　　让我给她摘到蓝月季
　　我彷徨徘徊了半个地球
　　去寻找蓝月季开放的土地

'喝彩'（'Applause'）

'蓝月'（'Blue Moon'）

　　'蓝月'是强香且花色有透明感的人气月季名花，曾获罗马金奖，可谓蓝色系月季品种中最受世界宠爱的品种之一。不矫揉造作，但存在感扎实。生命力强，高雅大方，有它在，其他月季的形象也得到提升。

　　花蕾是浓桃色，开花后变成紫藤色花朵。花瓣呈薰衣草的紫蓝色，色调沉稳，有人称它是沉淀的丁香。花色沉稳是'蓝月'的突出魅力。根据喜好不同，调节肥料用量和栽培温度可让"蓝月"之蓝更为鲜艳。花型丰满，刺少，花瓣细腻。

　　在众多'蓝月'的魅力之中，芳香、花色、强健应排前三位，而其芳香特色又是前三中之第一。浓香'蓝月'在40年前培育推出，因为是蓝色月季的典型，其香气类型也被定为蓝香。香气甜蜜、细腻，可以让郁闷的心情变得明快起来。大马士革香和茶香混合，清甜和浓华共存。香气主调是浓郁的花香，但更有挺拔的清爽，在柠檬香中混合了天竺葵香、紫罗兰香等。

　　'蓝月'的芽变品种有'攀援蓝月'，释放芬芳的果香。

'蓝月' 'Blue Moon'

中文名称：蓝月
学　　名：R.'Blue Moon'
别　　名：蓝山
种　　类：杂交茶香月季（HT）
香　　味：强香
香　　型：蓝香型
年　　代：1964 年
育 种 者：Mathias Tantau Jr
原 产 地：德国
花　　色：接近紫藤色和紫红色
花　　径：10cm
花　　季：四季开花
花　　型：半剑瓣，高蕊开花
树　　高：1.5～1.8 m
树　　形：树形图1号"四季开花形"，直立、
　　　　　灌木型
树　　势：强健，生长旺盛，容易栽培，抗
　　　　　病性强，适合初学者
应　　用：适合庭院栽植，盆栽
交配亲本：（Sterling Silver×实生）×实生

'夜来香'（'Yelaixiang'）

'夜来香' 'Yelaixiang'

中文名称：夜来香

学　　名：R. 'Yelaixiang'

种　　类：杂交茶香月季（HT）

香　　味：强香

香　　型：蓝香型，深邃的蓝玫瑰香中弥散明快的柑橘类佛手柑味道，从中能
　　　　　感受果香的清甜凝练

获　　奖：日本越后丘陵公园第六届国际香味月季新品种竞赛金奖

原 产 地：日本

年　　代：2013 年

培 育 者：青木宏达

花　　色：紫色，与蓝香型的香气相得益彰，更显高雅

花　　径：10 ~ 15cm

花　　型：有亲和力的圆瓣花型

树　　高：1.4 m

树　　形：直立性

花　　季：四季开花

长　　势：强健，耐热性强

栽培难度：容易栽培，刺少

应　　用：适合盆栽和庭院栽植

交配亲本：'夜来香'的亲本是寺西菊雄培育的'紫罗兰夫人'［Mme Violet，
　　　　　（LadyX × Sterling Silver）× Sterling Silver］，两者有几分相像

'夏尔·戴高乐'（'Charles de Gaulle'）

'夏尔·戴高乐' 'Charles de Gaulle'

中文名称: 夏尔·戴高乐

学　　名: R. 'Charles de Gaulle'

种　　类: 杂交茶香月季（HT）

香　　味: 强香

香　　型: 蓝香型，稍有靠近就能闻到香气

原 产 地: 法国

年　　代: 1974 年

培 育 者: Meilland

花　　色: 蓝色，是蓝月季的代名词。稍带粉色的浓重薰衣草紫色

花　　径: 13cm

花　　型: 半剑瓣高蕊开花，格调高贵

树　　高: 1.3 m

树　　形: 树形图1号"四季开花形"，直立形，是树状月季的代名词。有横展性

花　　季: 四季开花，晚开品种

长　　势: 强健。植株低矮，给人结实的印象。随着植株变老，芽枝数也随之减少，
　　　　　所以旧枝很重要。夏季发生蓝色系月季特有的落叶现象

栽培难度: 容易栽培，刺少，好管理。适合初学者

应　　用: 适合盆栽和庭院栽植，也可做切花

交配亲本: （Blue Moon × Prelude）×（Kordes' Sondermeldung × Caprice）

名称由来: 前法国总统的名字

'蓝色情动' 'Emotion Bleu'

中文名称: 蓝色情动

学　　名: *R.* 'Emotion Bleu'

别　　名: La Rose du Petit Prince

种　　类: 灌木月季（S）

香　　味: 强香

香　　型: 蓝香型，高雅的甜香，木香调形成了蓝色系月季香的典型，带没药香的独特香气前所未有。对'蓝色情动'的香气有习惯和不习惯之分，一旦习惯，将成为感觉最好的一种香气

获　　奖: 日本越后丘陵公园第二届国际香味月季新品种竞赛金奖；2006 年获巴登 - 巴登金奖和最佳芳香奖

原 产 地: 法国

年　　代: 2006 年

培 育 者: Delbard（Georges DELBARD SA）

花　　色: 淡紫色，高温期稍挂粉色，呈粉红紫色，有着无比的新奇感，可谓前所未有的紫色系月季

花　　径: 8 ～ 10cm

花　　型: 圆瓣高蕊开花，叶片光泽，好像涂上了蜡一般

树　　高: 1.5 m

树　　形: 半攀援、灌丛树形，有横展性，自然，优雅。看到枝条会想到有英国月季的灌丛血统

花　　季: 四季开花

长　　势: 非常强健也是该品种特点，耐热、耐寒、耐阴。对黑斑病和白粉病有很强的抵抗力。蓝紫色系月季还能具有如此抗病性也是令人难以置信的奇迹与骄傲

栽培难度: 容易栽培。对栽培紫色月季没信心的人也能种好

应　　用: 适合盆栽和庭院栽植，也可用于柱形花架、高低篱墙和丝网

交配亲本: 不详

名称由来: 如花名之意，蓝色的感动，好像蓝色情调在流。2006 年得乐蓿培育推出后，与化妆品的资生堂公司达成合作，2013 年诞生了蓝色情动系列的香水、护肤品等

图 5-46 '蓝色情动'芳香图

柠檬香
没药、罗勒
玫瑰
美女樱、柠檬草

'蓝色情动'（'Emotion Bleu'）

'贝拉多娜' 'Bella Donna'

中文名称: 贝拉多娜

学　　名: R.'Bella Donna'

种　　类: 灌丛月季（S）

香　　味: 强香

香　　型: 蓝香型，豪华的蓝玫瑰香中有蜜桃般的果香和像蜜一样的轻微甜味，还外加天竺葵的花香，形成了浓郁的香气，是蓝色芳香中浸渍了柠檬蜂蜜的辛香味道

获　　奖: 日本越后丘陵公园第七届国际香味月季新品种竞赛金奖

原 产 地: 日本

年　　代: 2010 年

培 育 者: 岩下笃也

花　　色: 笼罩灰调的丁香粉色，与中心的黄色形成绝妙的对比。花瓣内侧色彩稍浓，观赏角度不同可看到不同的花朵风景

花　　径: 10cm

花　　型: 坚固凝结的花蕾逐渐绽放成豪华的丁香粉色高蕊剑瓣大花，随着时间推移，花瓣褪色成蓝色，此时，是她最美丽的时刻。花茎长，显得气质高雅

树　　高: 1.2 m

树　　形: 直立形

花　　季: 四季开花

长　　势: 强健

栽培难度: 一般

应　　用: 适合盆栽和庭院栽植

交配亲本: 未发表

名称由来: 意大利语是"美丽女性"的意思，献给世界上的所有美人，特别献给育种者最爱的美国女演员梅丽尔·斯特里普（Meryl Streep）

'贝拉多娜'（'Bella Donna'）

'梦幻之夜' 'Enchanted Evening'

中文名称：梦幻之夜

学　　名：R. 'Enchanted Evening'

种　　类：丰花月季（F）

香　　味：强香

香　　型：蓝香型，蓝色系月季的香气中带有香粉的感觉和甜蜜的果香，是温厚的香气

获　　奖：日本越后丘陵公园第三届国际香味月季新品种竞赛银奖

原 产 地：美国

年　　代：2009 年

培 育 者：Dr.Keith W. Zary（J&P）

花　　色：薰衣草粉色。好像黄昏时的彩晕，幻觉般呈现薰衣草色的花瓣，越靠近中心部色彩越浓，花瓣带有银光的色泽

花　　径：6.5cm ～ 8 cm

花　　型：圆瓣，团簇地接连不断开花。枝条柔软，随团簇变大稍有垂头俯盼的姿态

树　　高：1 m

树　　形：直立形，有横展性，小型

花　　季：四季开花

长　　势：强健，多花

栽培难度：适合初学者，刺少。有耐热性，耐阴，对黑斑病和白粉病有抗性

应　　用：适合盆栽和庭院栽植

交配亲本：Perfume Perfection × Blue Bayou

名称由来：如花名之意，好像迷人的黄昏

'梦幻之夜'（'Enchanted Evening'）

辛香是以丁香香气为特征的香气，也是以大马士革甜香为基调，因多含丁香和康乃馨的芳香特征成分丁香油酚（eugenol），所以能释放强烈的辛香，一般从雄蕊中释放香气。辛香型月季的代表品种有'马可波罗'（'Marco Polo'）、'柯莱特'（'Camelot'）、'粉桩楼'、'刺玫'，还有'丹提贝丝'（'Dainty Bess'）、'万众瞩目'（'Eyes for You'）、'蓝色狂想曲'（'Rhapsody in Blue'）、'午夜深蓝'（'Midnight Blue'）、'卢森堡公主西比拉'（'Princcsse Sibilla de Luxembourg'）、'博尼塔'（'Bonita'）、'茜'（'Akane'）等。

'马可波罗'月季是根据黄金国记载所描述的马可波罗形象而培育。

'马可波罗'（'Marco Polo'）

'马可波罗' 'Marco Polo'

中文名称：马可波罗
学　　名：R.'Marco Polo'
种　　类：杂交茶香月季（HT）
香　　味：强香
香　　型：辛香型
原 产 地：法国
年　　代：1993 年
培 育 者：Meilland
花　　色：黄色，褪色少
花　　径：8cm
花　　型：半剑瓣，高蕊，花形整齐
树　　高：1.5 ~ 1.8m
树　　形：直立、灌木型
花　　季：四季开花
长　　势：强健，皮实，抗病性强
应　　用：花坛、盆栽、切花
交配亲本：未公开

16世纪大航海时期，西班牙征服者们确信新大陆的存在，就热心地在亚马孙深处寻找到一个传说中的黄金国（西班牙文：El Dorado，意为披满金箔的人，或叫"黄金人"）。"黄金人"源自穆伊斯卡（Muisca）文化仪式，到16世纪为止存在于安第斯山脉一带。该地区采金和装饰技术发达，在哥伦比亚瓜达维达湖（Lake Guatavita）周边有当地酋长全身涂满金粉的风俗。根据考古研究，推测黄金国遗址有可能在现今南美秘鲁高原一个叫库斯科（Cusco）的地方。库斯科曾经是南美洲大陆，印加帝国的首都。1532年西班牙军队来到，原有印加建筑全部遭到毁灭，只能在岁月磨得光滑的凹陷石板路上找到以往的昌盛。

最后举行穆伊斯卡仪式是在16世纪初，以后300年间欧洲人一直质疑黄金国的存在，直到18世纪后半叶世界地图上出现"黄金国"，人们才确信了它的存在。然而，到了19世纪初，著名德国自然科学家亚历山大·冯·洪堡（Friedrich Wilhelm Heinrich Alexander von Humboldt，1769 — 1859）踏遍安第斯和亚马孙，"黄金国"又从地图上消失了。

"黄金国"从地图上消失因为那里不是欧洲人想象的地方，但哥伦比亚确实有上述穆伊斯卡文化，也有过金巴亚（Quimbaya）文明、泰荣纳（Tairona）文化、西努（Sinú，Zenú）文化繁荣，秘鲁还继承了查文文化（Chavín culture）的北海岸莫切文化（Moche civilization），在西肯（Sicán）王国、契姆（Chimú）王国也曾经存在很高的金属制品制造技术。

'丹提贝丝'（'Dainty Bess'）

'丹提贝丝' 'Dainty Bess'

中文名称：丹提贝丝

学　　名：R.'Dainty Bess'

种　　类：杂交茶香月季（HT）

香　　味：香

香　　型：辛香型

原 产 地：英国

年　　代：1925 年

培 育 者：WEB& D Archer

花　　色：白色中带有薰衣草紫色，是高雅的粉色，紫红色花蕊的美丽与花瓣色调相得益彰，呈现新奇感，让该品种成为单瓣月季名花

花　　径：大花

花　　型：单瓣

树　　高：1.4 ～ 1.6 m

树　　形：树形图 1 号"四季开花形"，半直立形

花　　季：四季开花

长　　势：强健

栽培难度：容易栽培，皮实

应　　用：适合盆栽和庭院栽植

交配亲本：Ophelia × Kitchener of Khartoum

'蓝色狂想曲' 'Rhapsody in Blue'

中文名称：蓝色狂想曲
学　　名：R.'Rhapsody in Blue'
别　　名：FRAntasia
种　　类：灌木月季（S）
香　　味：强香
香　　型：辛香型，强烈的辛香味道
获　　奖：英国皇家月季协会金奖和芳香奖
原 产 地：英国
年　　代：1999 年
培 育 者：Frank R.Cowlishaw
花　　色：深紫色，衬托黄金色花蕊的紫红色向紫
　　　　　色渐变。该特点在寒冷和半日阴地区更
　　　　　明显，色彩更鲜艳
花　　径：6cm
花　　型：团簇开花
树　　高：2 m
树　　形：半攀援形，枝条呈灌丛状，任其延伸可
　　　　　长成小型攀援月季
花　　季：四季开花
长　　势：强健，花多
栽培难度：容易栽培，花多
应　　用：适合盆栽和庭院栽植
交配亲本：（Summer Wine (climber, Kordes
　　　　　1985)）×（International Herald
　　　　　Tribune × [[Blue Moon × Montezuma
　　　　　(grandiflora, Swim, 1955)] × [Violacea ×
　　　　　Montezuma (grandiflora, Swim, 1955)]]）

'蓝色狂想曲'（'Rhapsody in Blue'）

'博尼塔'（'Bonita'）

'博尼塔' 'Bonita'

中文名称：博尼塔

学　　名：R. 'Bonita'

别　　名：Bonita（shrub, Olesen, 2001）、Poulen009、The St.
　　　　　 Edmund's Rose

种　　类：灌木月季（S）

香　　味：强香

香　　型：辛香型，在辛香的丁香中有香粉的甜味和清爽的绿色香调

获　　奖：日本越后丘陵公园第一届国际香味月季新品种竞赛市长奖

原 产 地：丹麦

年　　代：1996 年

培 育 者：L.Pernille Olesen（Poulsen Roser A/S）

花　　色：橘粉色

花　　径：12cm ～ 13cm

花　　型：古老月季花型，花瓣很多

树　　高：1 ～ 1.2m

树　　形：灌丛形

花　　季：四季开花

长　　势：强健，皮实

栽培难度：适合初学者

应　　用：适合盆栽和庭院栽植

交配亲本：实生 × Clair Renaissance

'卢森堡公主西比拉' 'Princesse Sibilla de Luxembourg'

中文名称：卢森堡公主西比拉
学　　名：R. 'Princesse Sibilla de Luxembourg'
种　　类：灌木月季（S）
香　　味：强香
香　　型：辛香型，轻微的香辛料味道
获　　奖：日本越后丘陵公园第一届国际香味月季新品种竞赛金奖
原 产 地：法国
年　　代：1991 年
培 育 者：Orard Roseraies
花　　色：非常惹眼的紫色，花瓣随季节变化，让人看了难以忘怀
花　　径：6cm ～ 7cm
花　　型：圆瓣平开型
树　　高：1.2m
树　　形：灌丛形
花　　季：四季开花
长　　势：强健，耐寒、耐暑、耐阴，对黑斑病和白粉病抗性强
栽培难度：最适合初学者
应　　用：适合盆栽和庭院栽植，也适合低矮篱墙、柱形花架和丝网等
交配亲本：Rhapsody in Blue × 远亲

'卢森堡公主西比拉'（'Princesse Sibilla de Luxembourg'）

'万众瞩目'（'Eyes for You'）

'万众瞩目' 'Eyes for You'

中文名称: 万众瞩目

学　　名: *R.* 'Eyes for You'

别　　名: Pejambigeye

种　　类: 丰花月季（F）

香　　味: 强香

香　　型: 辛香型，浓厚的丁香调，辛香中有风信子的绿色清香和香草香水的甜香，形成了浓郁的香气

获　　奖: 日本越后丘陵公园第六届国际香味月季新品种竞赛银奖

原 产 地: 英国

年　　代: 2009 年

培 育 者: Peter J.James

花　　色: 淡紫色到丁香色的花瓣中有一个大的紫红色眼，红眼在开花后变成灰紫色，让人看到备感惊奇

花　　径: 7cm

花　　型: 半重瓣，多头团簇开花，是最美的波斯系统杂交茶香月季

树　　高: 1.4 m

树　　形: 灌丛形，有横展性

花　　季: 四季开花

长　　势: 很强健，抗病性强

栽培难度: 容易栽培，花多

应　　用: 适合盆栽和庭院栽植

交配亲本: 不详

没药香型的芳香月季有茴芹的香气。芳香植物茴芹是稍有压抑的甜味，青涩味稍强。英国月季大多属于这种香型，含有对甲氧基苯乙烯（p-methoxy styrene），大多数品种也有大马士革和茶香混合的香气。

英国月季中浓香品种居多，有些能感受到青涩味稍重的甜香，类似茴芹，闻惯茶香月季会有些不习惯。奥斯汀月季的没药香型写作"Myrrh"，很容易译成"没药"（Commiphora myrrha），但其实是指香根芹属（sweet cicely）的欧洲没药（*Myrrhis odorata*），有庭院没药（garden myrrh）之别称，古名"没药（Myrrh）"。芳香树欧洲没药原产北欧，结出的果实有茴芹的甜香，撒在水果沙拉上，或用于力娇酒。

茴芹的芳香成分是茴香脑（anethole），英国月季所含芳香成分是对甲氧基苯乙烯，其化学结构接近茴香脑，所以，英国月季的没药香型就写成了"没药（茴芹）"。而且，追溯英国月季起源可以找到艾尔郡月季（*Rosa arvensis* 'Ayrshire Splendes'），一种以对甲氧基苯乙烯为主要芳香成分的罕见品种。

没药香型芳香月季代表品种有'草莓山'，还有'圣塞西莉亚'（'St.

Cecilia'）、'格拉姆斯城堡'（'Glamis Castle'）、'安布里奇'（'Ambridge Rose'）、'权杖之岛'（'Scepter'd Isle'）、'塔莫拉'（'Tamora'）、'琥珀'（'Kohaku'）等。

花名源于英国作家、历史学家霍勒斯·沃波尔（Horace Walpole，第四代奥福德伯爵（1717－1797）在特威肯汉（Twickenham）建造的哥特式建筑之家，现在宅院都已翻修。

'草莓山' 'Strawberry Hill'	
中文名称:	草莓山
学　名:	R.'Strawberry Hill'
种　类:	灌木月季（S）
香　味:	超强香
香　型:	典型的没药香型，稍带柠檬味。是大马士革香和芳香植物茴芹（anise, Pimpinella anisum）混在一起的协调香气。吲哚（Indole）让整体香气变得强烈，提高了芳香扩散性，豪华和历练的浓郁香气随之形成
原产地:	英国
年　代:	2006 年
培育者:	David Austin
花　色:	纯粉，外瓣随开花颜色变浅
花　径:	8.3cm
花　型:	重瓣，杯型丛生型
树　高:	1.2 m
树　形:	奔放的灌木形
花　季:	四季开花
长　势:	非常强健，抗病性强，耐寒、耐暑、耐阴
栽培难度:	适合初学者
应　用:	适于盆栽和种植在花境后部、灌木月季边缘。也可用于花拱、尖顶花架、高低篱墙
交配亲本:	实生 × 实生

'草莓山'（'Strawberry Hill'）

'琥珀' 'Kohaku'

中文名称：琥珀
学　　名：*R.* 'Kohaku'
种　　类：灌木月季（S）
香　　味：强香
香　　型：没药香型，具有所有没药香
　　　　　的特点，清新，融合
获　　奖：日本越后丘陵公园第二届国
　　　　　际香味月季新品种竞赛铜奖
原 产 地：日本
年　　代：2010 年
培 育 者：小川宏
花　　色：淡粉色

'琥珀'（'Kohaku'）

第六章

芳香月季的应用

第一节
月季的芳香科学

一、芳香与香料

地球洋溢着许多香气，植物用芳香诱惑昆虫，动物用香气图谋种族的生存，人类因食物香气的刺激而产生食欲，从各种树木花草的芳香感觉季节的变化，通过芳香获得各种各样的信息。试想一下，如果这个世界没有香气，我们的生活会是多么乏味。所以，人类生活与香气密不可分。

"芳香"与"香料"有什么区别呢？刺激嗅觉并主要发生在自然界的香气叫"芳香"，而主要以商业销售为目的制造的香味有机化学物质称作"香料"。

香料可以从动植物中提取，也可以是香味物质的化合物，或这些物质的混合物，为食品和化妆品添加香气。"天然香料"通过压榨、萃取、蒸馏等方式获得，"合成香料"用人工制造的香味物质调和而成。

香料多为挥发性液体，为食品添加香气的香料叫调味香料（flavor），为化妆品和家居产品添加香气的香料叫芳香香料

（fragrance）。调味香料主要用于弥补食品加工过程中损失的香味等，追求和再现食品本来的香气。相对而言，芳香香料是为刺激人们的想象和响应消费者各种需求而制造出来的创造性产物。

二、月季芳香的科学分析

月季的香味主要来自花瓣表面，各品种香味不同是因为花瓣所含香气成分和含量各有不同。花瓣的香气成分就是通常被叫作"精油"的芳香物质。

即使是同一月季品种，其香气在春天和秋天也会让人感受到不同，而且，栽植地点不同，早晚时间不同，环境温度和湿度不同等，都会让人感受到月季芳香的不同。更为不确定的因素还有闻香人的嗜好和感觉不同，会对月季的芳香性做出不同评价。此外，由于表现芳香的方法和语汇各有不同，针对月季芳香达成彼此理解和共识就成为非常难的事情。所以，用科学仪器分析并表示月季散发的香气成分，是建立客观芳香信息的主要手段。

根据以往的研究，植物内部的生长因素导致开花并散发香气，月季香味的分析和研究就是在以往研究成果的基础之上，收集外部环境因素导致的变化事实，对数百种月季进行评估，并得出了结论：几乎所有月季品种都是在半开花状态时最为新鲜和清爽，此时，其芳香也处于最佳的和谐状态。所以，研究月季的芳香性主要采集半开花状态时自然散发的香气成分，然后把香气成分放到气相色谱仪中进行科学分析。

香气的采集使用头部空间气相色谱法（Head Space Gaz Chromatography）。不久以前，采集空气中的挥发性有机物一般使用"TENAX 吸附法"，最近，使用"SPME 法"成为主流。

TENAX 吸附法就是给月季的花朵套上一个玻璃罩，在玻璃罩下部开口处用脱脂棉等封闭后让空气循环。然后在送风侧的管中填充木炭使空气变得无臭，吸入空气侧安装吸附芳香物质的 TENAX。香气强烈时仅需 2～3 小时即可采集，香气微弱时需要 1 天。

SPME（Solid Phase Micro Extraction）法称作"固相微量抽出法"，是加拿大滑铁卢大学的教授等建立的一种新型试样萃取浓缩法，特点是无须使用复杂、高昂的装置和溶剂，而且在短时间内即可完成分析。具体方法就是用一个特殊合成树脂的极细不锈钢端头吸附香气，最近已开发出吸附能力较以往高出 50 倍的器具。

采集香气成分后用气相色谱法（GC/MS）分析各月季品种所含芳香物质和各香气成分所占比例等。GC 是一种叫作气相层析（Gas Chromatography）的仪器，缩写为 GC。顾名思义，是芳香物质与某种液体相互作用后分离的意思，同时还可以测定各组分的相对含量。

MS（Mass Spectrometry）称作"质谱仪"，用于测量离子荷质比（电荷—质量比），分析同位素成分、有机物构造及元素成分等，可分析组分芳香物质具有怎样的分子结构。其基本原理就是在高真空中通过热电子使物质离子化，通过电场的作用区分质量并检测出来。芳香成分的质谱法就是让香气试样中的成分在离子化过程中发生电离，生成不同荷质比的带正电荷离子，再经加速电场作用，形成离子束，进入质量分析仪。在质量分析仪中，利用电场和磁场使不同荷质比的离子在空间和时间上得到分离，或通过过滤方式将它们分别聚焦到探测器而得到质谱图，从而获得芳香图谱。

第一台质谱仪是英国科学家弗朗西斯·阿斯顿于 1919 年制成，他用这台装置发现了多种元素同位素，研究了 53 个非放射性元素，发现了天然存在的 287 种核素中的 212 种，第一次证明了原子质量的亏损，并获得 1922 年诺贝尔化学奖。

没有上述 GC 和 MS 两方面的分析就不能确定芳香物质，所以说，分析芳香物质要采用气相色谱法（GC/MS）。

　　'不眠芳香'是迷你月季的代表品种，也是罕见的芳香迷你月季，更特殊的在于，它是宇宙玫瑰。

　　1998 年 10 月底，美国进行了航天飞机中的月季芳香实验，该实验由美国香料公司与美国航空航天局（NASA）合作实施。实验内容是将迷你月季'不眠芳香'载入航天飞机中的栽培装置，并使它在宇宙中开花。届时，采用特殊的针将其芳香成分抽取出来，回到地球后用该成分与地上开花的月季比较。

　　航天飞机中负责实验的是美国航空航天局宇航员约翰·格伦（John Herschel Glenn Jr.，1921 - ）和日本宇航员向井千秋（1952 - ）。

　　宇宙玫瑰的实验目的在于调查和分析芳香对航天飞机等"长时间狭小空间生活"环境下产生压力的缓解作用。宇宙玫瑰"不眠芳香"是在地上长出花蕾后被载入宇宙的，在宇宙中开花，其香气成分得到成功提取。

　　航天飞机回到地球后，研究人员对提取的香气成分进行分析，结果发现，宇宙"不眠芳香"与地上开花的"不眠芳香"月季有不同之处，宇宙玫瑰的香气更为细腻。

　　香料公司的博士评价说，地上没有的崭新芳香诞生了。之后，缓解压力的宇宙芳香在地球上再现，被命名为"宇宙玫瑰"，已实际用于化妆品。

　　地上长出花蕾的月季在太空中开了花，但在太空中从月季种子或扦插穗培育月季的试验尚未进行，真正的宇宙玫瑰应该是在太空中用种子或扦插穗培育而成并开花，然后，用其种子再培育出下一代月季。太空中"宇宙玫瑰"能否开花，能否接种，能否从种子种植太空玫瑰，这些都有待今后的实验成果验证。

格伦是第一个进入地球轨道的美国宇航员，执行过水星——大力神 6 号以及 STS-95 任务。在朝鲜战争期间，他是战斗机驾驶员。1957 年，他驾驶超音速飞机实现了人类第一次跨大陆无间歇飞行。他是美国最初被选为宇航员的 7 人之一。1962 年 2 月 20 日，格伦在狭窄的友谊 7 号宇宙飞船中环绕地球飞行 3 圈后，安全降落在海面上，成为环绕地球飞行的第一个美国人。脱离宇航飞行后他进入政界，担任参议员 24 年。1998 年参议院退休前夕，他又搭乘发现号航天飞机进入太空，成为空间飞行历史上年龄最大的人。在为期 9 天的飞行中，77 岁的格伦参加了若干项科学试验。

向井千秋是一位外科医生，她从日本女子最高学府庆应义塾高中毕业后进入庆应义塾大学医学部，毕业后成为日本第一位女性宇航员，也是首位两次登上太空的日本宇航员。她曾以日本宇宙航空研究开发机构宇航员的身份，担任过美国航空航天局林顿·约翰逊太空中心太空生物医学研究所的访问学者。以后，她历经得克萨斯州休斯敦贝勒医学院外科研究讲师，庆应义塾大学医学院外科客座副教授，于 1999 年升为大学客座教授。

三、茶香物质

一段时间以来，世界各国的香料化学家都对月季的香气产生了浓厚兴趣，也感受到月季香作为研究对象的巨大魅力。月季香的香料价值很高，而且与人文和历史密切相关。

通过至今对月季香的科学分析，已经发现了 540 余种香气成分，据推测，月季香气成分应该有近千种。在这近千种香气成分中，形成香调的主要芳香成分被称作特色芳香成分。在大马士革香和茶香的两大月季香系统中，资生堂调香师蓬田胜之先生为首的研究小组已于近年发现了茶香月季的特色芳香成分。

欧洲玫瑰的大马士革香是甜香、奢华的香调，中国月季的茶香是类似红茶的高品位优雅香调，现代月季大多属于茶香香调。中国系

宇宙玫瑰 '不眠芳香' 'Overnight Scentsation'

中文名称：不眠芳香

学　　名：*R.* '*Overnight Scentsation*'

种　　类：迷你月季（Min）

香　　味：强香

香　　型：前所未有的浓香

原 产 地：美国

年　　代：1990 年

培 育 者：Saville

花　　色：粉红色

花　　径：6cm ～ 7cm，在迷你月季中属于花朵形状整齐的大花品种

花　　型：剑瓣，高蕊，花瓣数 90 枚

树　　高：0.7m ～ 1 m

树　　形：直立

花　　季：四季开花

长　　势：容易栽培

应　　用：适合盆栽、庭院栽植

交配亲本：Taxi × Lavender Jade

'不眠芳香'（'Overnight Scentsation'）

统月季所含特色香气物质是"苯甲醛二甲缩醛"（Dimethoxymethyl-benzene），蓬田先生将其命名为"茶香月季元素"。该元素是让女性变得美丽的秘密芳香成分。

科学已经证明，茶香月季元素对生理和心理都能产生良好影响和作用，而且，茶香月季元素比薰衣草、佛手柑、玫瑰精油具有更好的镇静和放松效果。茉莉花精油刺激觉醒，配合少量茶香月季元素之后，就转化成镇静效果。在各种香料中都可以加入茶香月季元素，它不仅不会损失芳香，还能够增加镇静作用。还有实验报告表明，通过检测唾液中氢化可的松（cortisol）的分泌量，可证明茶香月季元素的缓解精神压力作用。

此外，茶香月季元素还有美肤功能。科学分析已经发现，具有皮肤免疫功能的"朗格汉斯细胞"（Langerhans cell）与连接脑的轴突和皮肤细胞有接触，在肌肤连接脑的过程中，香气发挥了重要作用。闻月季香（茶香月季芳香元素）可促进皮肤恢复障碍，使皮肤保持健康状态。也就是说，嗅觉刺激对皮肤等末梢器官有影响。

月季用于观赏和造景，但月季的用途还不仅如此，芳香月季可以从花瓣提取精油，用于香水原料和芳香疗法（Aromatherapy）、药品等。

在古代，芳香月季用于香水原料和死者涂油，但仅限于统治者。到了近代，即使在香水消费大国的法国，一般人得以使用玫瑰精油也只是在相当于婚礼的场合。芳香的应用现在已经开始在逐渐普及，从大马士革玫瑰花瓣提取的精油用于香水原料和芳香疗法，蒸馏花瓣过程中产生的玫瑰水在中东和印度等还用于甜点添香。

月季的药用方法也有很多，以月季花瓣为原料制造的药品广泛用于肠胃消化药；用作玫瑰精油原料的大马士革玫瑰还可做成汁，浸泡花瓣制成玫瑰醋，用于镇静和治疗头痛。

药食同源，月季的食用方法也各种各样。用茶和砂糖浸泡月季果实可做成维生素 C 的供应源，月季的花瓣和果实都可加工成果酱或用砂糖腌制，或干燥后作为香草茶饮用。干燥的花瓣可以调和在印度咖喱粉中，还可用作波斯菜的香料。未施用农药和化肥的花瓣可以生吃。

近年来，从更多浓香月季品种中提取香料的研究活动和相关产品先后涌现。

当然，月季一直有礼品用途。说到送花，很多人都会首先在脑海中浮现月季。在花店选月季的时候，考虑花色、形状和大小，芳香性也是要注意的。探望病人的时候要想到，浓香月季即使本人喜欢，同室的患者不一定喜欢，送微香或中香的比较适合。茶香型月季香气柔和，其芳香性具有东方特点，需要回避浓香时，最好选择茶香月季。

茶香月季的芳香物质是近年的研究成果，预计今后将出现更多茶香型月季品种。中国是茶香月季的故乡，野生中国月季的继续发现及其芳香性的研究应用值得期待。

一、浓香"和月季"

"和月季"是指具有日本文化风格的品种系列，也是传达日本文化信息的月季形式，色彩柔和，花型古典，芳香浓郁，好像回到古老月季，但又富有现代魅力。"和"有调和、缓和、和解等含义，通过树立周围，让自己得以存在。

"和月季"诞生于日本切花育种家国枝启司之手，1990 年进入日本的英国月季'格拉汉·托马斯'给了他灵感。当时，人们只关注剑瓣高蕊的月季，对结合古典花型和鲜艳花色的英国月季'格拉汉·托马斯'完全不屑一顾。切花月季是温室生产，攀援形的'格拉汉·托马斯'基本不可能棚内生产，可是对生产过大量月季的国枝先生来说，他第一次在'格拉汉·托马斯'身上，由衷地感觉到月季可爱。之后，他就开始做育种挑战，从而有了今天已成系列的"和月季"品种。

有一个"和月季"品种叫'日和'（'Hiyori'），是育种者用孙女名字命名的，据说是他最为满意的作品之一。花瓣有 100～120 枚之多，适合做香水。花型是杯型，随着开花，渐渐从雅致的花朵变成重叠、厚密的高贵千重瓣，好像少女到中年的美丽在一个花季全部展现。枝有横张，叶片灰色朦胧，好像在雨雾中影绰。

　　"和月季"的名字是国枝启司的儿子国枝健一起的，他认为，日语发音好听，有传达日本文化风格的韵味，也蕴含了他立志让"和月季"立足于世界的雄心。他为外销"和月季"切花转遍世界各地，确信没有类似品种，认为出口有望，就从俄罗斯开始，然后推广到欧洲。在日本月季市场低迷的今天，"和月季"的出口额却翻了几番。"和月季"作家被请去法国礼品店讲插花，在那里，没有国家的围墙，只见武士道和普罗旺的融合。日本岐阜大学教授收集了 30 种中国月季与"和月季"杂交，有望出新。

　　现在，"和月季"已不只是切花品种，河本纯子培育的庭院月季也被称作"和月季"。

'加百列' 'Gabriel'

中文名称:	加百列
学　　名:	*R.* 'Gabriel'
种　　类:	丰花月季（F）
香　　味:	强香
香　　型:	高雅的香气
原 产 地:	日本
年　　代:	2008 年
培 育 者:	河本纯子
花　　色:	白色，有时中央泛出淡淡的紫色
花　　径:	7 ～ 10cm
花　　型:	剑瓣，丛生型开花
树　　高:	1 m
树　　形:	直立树形
花　　季:	四季开花
长　　势:	一般
应　　用:	树形紧凑，适合盆栽
交配亲本:	未发表

　　加百列是传达天主信息的天使，名字的意思是"天主的人""天神的英雄"，被认为是上帝的左手。'加百列'月季以伊甸园统治者的天使名字命名，是对花朵营造的神秘氛围给予了恰当的描述，又因为芳香强烈，所以也被称作"天上之香"。

'加百列'（'Gabriel'）

'撒拉弗'（'Seraphim'）

'撒拉弗' 'Seraphim'

中文名称：撒拉弗
学　　名：R.'Seraphim'
种　　类：灌木月季（S）
香　　味：强香
香　　型：清爽和甜香相结合，富有魅力
原 产 地：日本
年　　代：2013 年
培 育 者：河本纯子
花　　色：白色，有时中央泛出淡淡的粉色
花　　径：7 ～ 10cm
花　　型：平开型开花
树　　高：1.2 m
树　　形：直立树形
花　　季：四季开花
长　　势：一般
应　　用：适合盆栽、庭院栽植
交配亲本：未发表

　　日本的大型城市是东部东京、西部大阪，月季是东部京成、西部河本。育种公司河本月季园有一个叫作"天堂"的品种系列，以17世纪英国诗人约翰·弥尔顿（1608—1674年）撰写叙事诗《失乐园》中的登场人物命名。《失乐园》以旧约圣经《创世纪》为主题，其中加百列是代表智慧、慈悲、约束的天使。来到圣母玛利亚面前告知她将受圣灵感孕而生下圣子耶稣的就是加百列。其他天堂系列月季还有紫色'路西法'（'Lucifer'）、红色'米迦勒'（'Michael'）、粉红色'亚必迭'（'Abdiel'）、橘粉色'乌列尔'（'Uriel'）、桃色'拉斐尔'（'Raphael'）、白色中心泛粉的'亚利伊勒'（'Ariel'）和白色的'撒拉弗'（'Seraphim'）。撒拉弗是直接守护天神玉座的炽天使之一。炽天使无形无体，与神直接沟通，是纯粹的光和思考的灵体，以火焰为象征，是太阳化身的最优秀天使。

二、切花芳香月季

　　月季从应用的角度可分为庭院月季、切花月季、盆栽月季、原料月季、食用月季等。公园美化和家里的院子用庭院月季，用花盆乐享庭院月季是盆栽月季，花艺用切花月季，香水制造用原料月季，入口用有机栽培的食用月季。庭院月季和切花月季的最大区别在于庭院月季栽植在露天，切花月季是温室生产。切花可以周年产出，庭院月季则与日月和季节同辉。而且，庭院月季和切花月季的芳香品质也大为不同，切花月季根据应用方法也产生了芳香品质的差异。

　　对正在准备迎接最好开花时刻的花蕾来说，如果其花茎被突然一刀剪断，可以想象，它会受到惊吓。所以，切花的香味改变也就不难理解了。

　　庭院月季用于盆栽要在培养土上更为讲究，养花难度大为提高，所以才诞生了盆栽月季品种的育种活动。庭院月季用于造园考虑芳香要素时，设计师要研究攀援芳香月季强健好管，丰花芳香月季便于制造景观效果，灌丛芳香月季好用，HT 月季少用。切花月季的芳香品种系列还是属于未来的。芳香性好的月季品种大多花期不长，不适于切花用途。也因此"和月季"的芳香月季应用赢得了人心。

以芳香为特点的得乐葩公司已宣言要挑战培育芳香切花月季品种，展会上也开始出现按芳香类型展示切花月季，茶香型切花芳香月季更为有机可乘，有望可待。

像'圣女贞德'这样美丽的四分丛生型黄月季，应该说前所未有，是见一次就让人难以忘怀的美丽花朵。更为珍稀的是它作为切花还芳香浓郁，且为茶香型月季。

茶香型'圣女贞德' 'Jeanne d'Arc'

中文名称: 圣女贞德
学　　名: *R.* 'Jeanne d'Arc'
种　　类: 杂交茶香月季（HT）
香　　味: 强香
香　　型: 茶香型。开花初期混有没药香，随着花朵绽放，逐渐向甜香过渡，可谓二度香醉
原 产 地: 荷兰
年　　代: 2006 年
培 育 者: Jan Spek Rozen B.V
花　　色: 黄色
花　　径: 8～10cm
花　　型: 四分丛生型，杯型开花
树　　高: 0.5～0.8 m
树　　形: 直立型，紧凑
花　　季: 四季开花
长　　势: 强健。有人说黄色系的英国月季开花不好，所以敬而远之，'圣女贞德'不同，是人们期待的品种
应　　用: 适合切花，也因树形紧凑可以盆栽
交配亲本: 未公布

'圣女贞德'（'Jeanne d'Arc'）

'拿铁咖啡'的珍贵首先是它的强健适于切花用途，从花艺角度考虑，其花色又富于个性。再者，就是它作为切花还芳香浓郁，且香型为个性突出的辛香，与花色般配，内外合一，存在感强烈。

辛香型 '拿铁咖啡' 'Caffe Latte'

中文名称：	拿铁咖啡
学　名：	R. 'Caffe Latte'
种　类：	杂交茶香月季（HT）
香　味：	强香
香　型：	辛香型。鼻子凑近即可感受到没药香的飘散，具有独特的香气
原产地：	荷兰
年　代：	2005 年
培育者：	De Ruiter
花　色：	带有深沉感的粉色，富有成熟的魅力气质
花　径：	13cm
花　型：	半剑瓣高蕊型，花瓣数 35 ～ 40 枚。开花时呈现符合花色形象的古典风韵
树　高：	1.5 m
树　形：	直立型，有横展性
花　季：	四季开花
长　势：	强健，容易栽培。特别是耐寒性强，树势强
应　用：	适合切花，也可盆栽
交配亲本：	Sheer Elegance × Color Magic

‘拿铁咖啡’（‘Caffe Latte’）

　　'白菲尔'是英国月季名花，以莎士比亚《驯悍记》剧中作为
主人公妹妹登场的比恩卡命名。作为表现古典风韵的切花有如此硬
朗的花容已然非常稀罕，加之没药香型的芳香月季几乎是英国月季
的专利，让它成为白色系芳香切花月季的首选。

'白菲尔'（'Fair Bianca'）

没药香型'白菲尔''Fair Bianca'

中文名称: 白菲尔

学　　名: R.'Fair Bianca'

种　　类: 灌木月季（S）

香　　味: 强香

香　　型: 没药香型，没药为基调的独特香气甚为浓郁

原 产 地: 英国

年　　代: 1982 年

培 育 者: David Austin

花　　色: 纯白色中稍微混有乳白色，给人花瓣精致的印象

花　　径: 8cm

花　　型: 丛生型，团簇开花，是完全的古老月季花容，很有英国月季的风格

树　　高: 0.9～1.2 m

树　　形: 直立型，紧凑

花　　季: 四季开花，全年反复开花，秋花最美

长　　势: 抗病性较弱，容易发生黑斑病和出现枯枝，管理需多加注意。黑斑病的对策就是早发现，并去掉病变部分。不属于洋溢活力的品种，在病情严重到叶片全部消失之前，要喷施抗菌剂。枯枝对策是去掉病变部分之后，在土壤中施用康复药剂

应　　用: 适合切花，也可盆栽

交配亲本: 不详

三、月季的芳香内涵与描述

月季的魅力有外观的美丽和典雅，还有月季的"声音"，就是月季的芳香。在视觉、听觉、味觉、触觉和嗅觉的五感中，嗅觉香味是唯一的原始感觉。

说到"芳香"一词，它在世界各国的内涵并非完全一致。

保加利亚是著名的大马士革玫瑰产地，自18世纪传入半野生玫瑰以后，玫瑰在保加利亚不仅作为"自然药"得到医疗领域的广泛应用，还伴随化妆品产业的延伸，取得了玫瑰精油产品的特大成功。现在，保加利亚政府部门对玫瑰产品的品质管理也做得非常彻底。

芳香在法国，用阿兰·梅昂的话说，是身边的幸福。法国风格的芳香是芳香应用到极致，女性杂志有香水专栏是理所当然，参加聚会用的香水和别人一样如同和别人穿了一样的服装。而且，一般禁止内服的精油可以在医师的处方下内服，医疗领域的芳香应用好比中国的草药，非常普及。在日本东京附近举办的国际庭院和月季展会上，阿兰·梅昂先生曾经做过题为"出身传统月季芳香"的演讲，其中提到，法国是一个货真价实的浪漫国度，法国人早已习惯了用五官的综合感觉去感受花卉，所以，激发人们用五感去感受身边的幸福一直是他培育月季品种的主题。法国之所以能拥有悠久的月季培育历史，是因为人们用五感去感受月季。展会还安排了一位法国园艺师演示法国日常生活中的芳香活动，其理念和梅昂不谋而合。在法国餐饮文化中，芳香花卉要放在厨房和餐厅的最主要地方，而且法国人习惯把香味调和成"交响曲"。月季属于甜香，和烹饪一样，还要有其他佐料，丁香和天竺葵等有酸味的辛香都是芳香交响乐队成员。

　　在澳大利亚，芳香自古药用。澳大利亚土著居民（Aborigine）有使用药草尤加利（Eucalyptus）和茶树（Tea Tree）的历史背景，现在家庭常备药也包括精油，可见那里的生活文化与芳香有着深远的密切联系。

　　芳香在德国更是源远流长。大多数人以为香水发祥地是法国，其实不然。德国是香水发祥地，也是芳香先进国。最早的香水叫古龙水，法语是"Eau de Cologne"，意为"科隆香水"，现在还是仅采用天然原材料和独特的制造工艺制造古龙水。而且，芳香疗法在德国也很普及，芳香对心理的作用和唤起形象的作用一直应用于艺术领域。

　　芳香在美国的特点是商品市场充满芳香，比如近年来源于美国的柔顺剂，洗衣时飘香，在日本也获得了很高的人气。购买加入芳香原料的成品，让芳香方便介入生活，可算是美国风格的芳香应用。此外，在高档饭店前厅飘散着的、代表品牌形象的原创芳香等应用也非常多见。

　　芳香在英国有放松、让人身心美丽等含义。芳香疗法创始人盖特弗塞（Rene-Maurice Gattefosse，1881－1950年）的弟子在英国通过美容领域应用和普及了芳香疗法，让芳香作为放松的代名词融入日常生活。另一方面，在医疗领域，英国与法国、比利时在教育方面积极交流，使芳香逐渐进入医疗领域。

　　在日本，芳香是快乐，去休闲场所和时尚小店都能接触到芳香。特别是近年来，精神疾病和生活习惯病成为社会问题，芳香的精神治愈作用备受关注。医疗方面受到英国等芳香医疗发达国家的影响，同时实践和发展了自有的先进科学确认手段，在芳香传入脑部的机理和芳香作用于神经系统、内分泌系统、免疫系统等领域已领先世界一步。

　　芳香作为科学，与医学同样高深；作为应用，也同医疗一样是日常生活的一部分。

古希腊哲学家亚里士多德曾说，"气味唤起不明确的情感"，"香味对身体是好，恶臭对身体是恶"。你可能有过这样的经历，本来郁闷消沉，但闻到一股香味心情就好了起来。芳香可以在瞬间无需通过大脑思考就直抵作为感觉器官的大脑边缘系统，进而传到控制身体生理机能的下丘脑，通过植物神经系统、免疫系统、荷尔蒙系统的平衡作用对身心发生影响。也就是说，芳香直接传入脑部，对身心发生作用。

正常情况下，脑对身心发出正确指令，保持身心健康，但脑疲劳就会导致身体肥满、皮肤粗糙、抑郁等症状。压力过大的脑会失去平衡功能，负责理性的脑和感觉本能的脑之间不能进行正常的信息传输，形成"脑疲劳"状态。陷入脑疲劳状态时，身体指令混乱，故障频发。在如此情况下，芳香作用于感觉本能的脑，这就是芳香疗法和香水等各种芳香产品的作用原理。

芳香是一种感觉，需要描述才能实现交流。如果在接触花香之前使用了带有花香的洗发液，当闻到花香时，会将花香描述成洗发液的香味。用语言描述花卉和食物的香气是非常不容易的，为了传达自己的体验，芳香描述需要使用能让人不断想起各种香味的语言，彼此共享的感受和香味的联想构成了所谓的芳香语言。

常用的芳香描述法是用日常生活中的东西表现香味。芳香语言需要经验积累，对香味敏感的人从小就积累了香味的记忆，伴随成长过程中对香味记忆的提炼，就可能成就丰富的芳香语言。而芳香语言又最好是谁都知道的日常词汇，才更容易传达对香味的感觉。

比如对'薰乃'月季芳香的描述，有人根据自己的感受，把'薰乃'的芳香定义为"默默地深情，暗自地喜悦"。通常应写成"默默的深情，暗自的喜悦"，但如果把"的"变成"地"，深情和喜悦就变成了动词。喜悦可以作动词，但深情是一种动作的结果，是名词，只能说，默默地深情着。'薰乃'属于强香的果香型月季，果香是甜味比较浓厚的香气。强香型月季一般能令人很快感受到香气，反应是"啊，好香！"，让闻香的人能够在瞬间因惊异的香气而兴奋起来，但兴奋之后一般不会有意味深长的感觉。'薰乃'却非常特别，相比其他强香型月季，'薰乃'的闻香需要更长时间，深深地吸气才能闻到逐渐浓厚起来的香气。而且，'薰乃'的香气让人沉醉，不愿离开，不会有人反应"啊，好香！"，而是默默地想把香气留给自己。因为希望保留长久，所以舍不得离开。'薰乃'是一个让你驻步，让你滞留，让你停止，让你不愿走开的芳香月季品种，所以，描述"薰乃"的芳香可以用"默默地深情着"。

'薰乃'的果香比较其他果香型月季也有独特的气质，香气浓厚、深远，但又清新，而且，这几种感觉不在同一时间发生，先深厚，再深远，最后留下清新。它的深厚让你感受到高雅，高雅需要涵养、时间和文化；但她又是清新的，让你既享有深深的爱情，又感受明亮的快乐。

'薰乃'的开花过程也比较缓慢，开始开花时，剪下来插到屋里的花瓶中，但不会早上插傍晚就满开。所以，从开花到凋谢，可以享受好几天的芳香，且花瓣凋零香犹在。

四、克里斯汀·迪奥与芳香月季

迪奥品牌创始人克里斯汀·迪奥热爱月季，月季让他一生受到启迪。

克里斯汀·迪奥（Christian Dior，1905～1957 年）出生在法国西北部诺曼底（Normandie）地区的芒什省（Manche）格兰维尔（Granville），是个海岸。父亲做肥料生意，家境富裕。迪奥五岁的时候，一家人搬到了巴黎，但每逢暑假，迪奥都回格兰维尔老家过。

他少年时期就用拉丁文背花的学名，收集植物标本，可以在充满月季芳香的海岸老家庭院待上几小时。成为设计师以后，他也一直从花中获得灵感，用飞舞的花冠装扮女人，为无数饰物赋予花的名字。

迪奥曾说："有一天夜里，我梦见和妈妈一起回到格兰维尔。我们从后门走进庭院，向我培育的月季走去。走向泛起的花香之中，从那梦一般的领地，来到开花的淑女身边。"

迪奥的母亲用许多罕见的树种做了一个植物丰富的庭院，迪奥小时候就想把它想象成月季园画了出来。以后，迪奥就一直热爱月季。月季在他设计的很多作品中都是非常重要的主题，也是他的香水中所不可缺少的。

迪奥小时候住的别墅叫"罗盘方位"（Les Rhumbs），也让人联想到月季，因为法语把表示方位的罗盘叫作"法国月季"（La Rose de France）。月季在这位设计师的人生和工作中都占有非常重要的位置，在他设计的首饰上也有所传承。

迪奥首饰（DIOR FINE JEWELRY）艺术总监设计的作品"迪奥月季巴格代拉"（Rose Dior Bagatelle）就是对倾心种植月季的迪奥表示敬意，名称也同时源于种有 1200 个品种 1 万株月季的巴格代拉月季园。

现在，迪奥老家的格兰维尔别墅已经成为迪奥美术馆（Musee Christian Dior），迪奥和母亲一起栽植的攀援月季园在克里斯汀·迪奥诞辰 100 周年之际由美术馆馆长亲手恢复再现。

迪奥成功后在自己的别墅中又建了庭院，有着格兰维尔的影子。名气越大，他就越是每个周末都去庭院感受安宁。巨匠把对自然的热爱与造诣留在了庭院里，什么时候去探访，都能感受到那流淌着温柔优雅的时光。

1947 年开裁缝店之初迪奥就说："在做设计师的同时，我感觉自己还是调香师。"他创作的第一瓶香水"迪奥小姐"呈现了独特的香气。因为对花草的热爱，从他勾画出的香气轮廓中产生了迪奥香水的原创风格，这也使他的香水处女作充分表现了让人窒息的"新视界"现代感。

每一个人都有珍贵的最初记忆，克里斯汀·迪奥的第一段记忆是幼年时闻到的花香。于是，他设计裙子和香水时就持续不断地从花香中获得灵感。他一直坚持用让人想起花香来表现自己对唯美的追求个性，同时，也通过花香反映不同时代的共同精神，不断创作出超越时间的香水。他留下的遗产是不可或缺的，并作为一种叫"克里斯汀·迪奥创作"的概念传承至今。他的所有作品都表现了迪奥时尚的优雅，其精髓收藏在古典风格的香水瓶中。

1947年2月12日克里斯汀·迪奥发表他第一个饰物作品时，那种颠覆典雅规则的感性风格已经充分表现了对女性闪光的赞美，成为"新视界"革命的导火线。在视觉革命的同时，克里斯汀·迪奥还想到用香气包裹饰品，于是委托调香师，他只提了一个要求，"我想要一种像爱一样的香气"。弥漫展示沙龙的香气诞生了，"迪奥小姐"是独特的香水！用柑橘、花香、广藿香的细腻调出了典雅的绿色素心香，表现了新女性不受传统价值束缚的自由精神。

花香对设计师来说是无穷无尽的灵感之源，从克里斯汀·迪奥创作的香水作品中能够明显感受到活生生的花香存在感。迪奥香水的真谛和风格是茉莉和月季香，在处女作"迪奥小姐"中已有表现。

现在，世界各地都有迪奥庭院（Dior Garden），是迪奥公司为做化妆品而栽种花卉的农田。迪奥公司的研究人员在格兰维尔海岸发现了独一无二的强健月季，命名为'格兰维尔'，成功培育了它，并已投入到化妆品原料中。

"花，是仅次于女性的最神圣创造物。"

——克里斯汀·迪奥

'克里斯汀 · 迪奥' 'Christian Dior'

中文名称: 克里斯汀·迪奥

学　　名: *R.* 'Christian Dior'

种　　类: 杂交茶香月季（HT）

获　　奖: 1962 年入选 AARS

香　　味: 微香

香　　型: 温柔的香气

原 产 地: 法国

年　　代: 1958 年

培 育 者: F.Meilland

花　　色: 鲜艳、明亮的正红色，表现出气度不凡的傲慢气质。新叶和新梢稍带紫红色

花　　径: 15cm

花　　型: 剑瓣、高蕊开花。从很早以前就因为花形好而著名，利落、整齐的花形更显睿智之美丽

树　　高: 1.6～1.8 m

树　　形: 直立形

花　　季: 四季开花

长　　势: 一般，耐寒。花期长

栽培难度: 刺多，非常尖锐

应　　用: 适合盆栽和花坛，但直立性很强，也可收获切花

交配亲本: （Independence×Happiness）×（Peace×Happiness）

名称由来: '克里斯汀·迪奥'可以说是红色月季的代名词，以法国服装设计师冠名。

'克里斯汀·迪奥'（'Christian Dior'）

第三节
月季的芳香疗法

一、古老月季的芳香魅力

月季芳香是芳香疗法不可缺少的香气。月季是花中之王，玫瑰精油在芳香世界也具有女王般的魅力地位。品种不同，香味不同，最有人气的香味源于古老月季，或者可以说，古老月季的魅力在于优雅的花形散发强烈的浓郁之香，自15世纪就作为香水原料得到重用。古典花型和浓郁的芳香让古老月季的人气日渐上升。

在一些芳香沙龙，千叶玫瑰精油被称作"让人幸福的香气"。市面上常见的玫瑰芳香剂和香水使用合成香料和粗糙劣质的香料，导致有些人对玫瑰芳香没有好感，所以只有真正的玫瑰精油才能让人体会古老月季的芳香。玫瑰精油具有调节女性荷尔蒙的作用，在美容和健康方面被称作是最适合女性的优质精油。真正的玫瑰精油魅力在于让你不愿再想其他。

有人说，进入芳香领域的契机是因为使用了千叶玫瑰精油。使用单一千叶玫瑰精油，可以感受古老月季的世界。当然，如果古老月季精油与其他精油配合得好，将产生难以想象的芳香魅力。

二、月季闻香的最佳状态

月季的闻香无需遵循固定的方法，但了解月季释放芳香的规律能够为深入感受月季芳香助一臂之力。

各品种的开花最佳状态有所差异，基本是 6 分到 8 分开时芳香品质最佳。一株月季有多个花朵时，闻香要选择无伤、开花形状对称的美花。

此外，闻香与气象也有关联。选择上午风小时，或气温在摄氏20 度以上时为好。

三、月季芳香的生理和心理作用

月季芳香对心理和身体两方面的治疗作用在东西方都有传承。在视觉、听觉、味觉、触觉和嗅觉的五感研究活动中，嗅觉的研究因实验和科学验证方法难度大，一直比较落后。然而，近年来，各种分析测量仪器飞跃发展，芳香学者们也逐渐用科学证实了月季香不单纯是好闻，它还对人的生理和心理具有良好的影响和作用。意识的镇静和觉醒效果、缓解压力、增强免疫力、影响睡眠时间、恢复植物神经失调、护肤作用等都已获得数据，并逐渐得到验证。而且，这些科学实证与恢复人原本的生理和心理正常状态密切相关。

原本的正常状态就是身心整体的平衡状态，它对所有生物都非常重要，是保持身心健康的关键。生物体随时受到气温、湿度等外界环境变化因素的影响，还有各种精神压力的变动，但是，健康的心理和生理机能对此能发生应答作用,消除变动因素,恢复原本状态。生物体平衡状态的恢复与植物神经系统、免疫系统、内分泌系统密切相关,月季芳香已被证实对这些神经调节系统有重大影响。

积极主动地在生活中使用月季芳香是保持良好身心状态的好办法,但芳香的使用应以了解芳香机理为前提。科学判断芳香感觉对人类身心产生有益效果的研究叫作"芳香心理学",是芳香(aroma)和心理学(psychology)合二为一的科学领域。

四、月季的芳香疗法

药用月季的代表品种有北欧野生种加利卡玫瑰、保加利亚玫瑰和摩洛哥的大马士革玫瑰、法国南部栽培的千叶玫瑰等。

用于香料的优良品种都可直接用于药物。在东方,多花蔷薇、刺玫等自古一直药用。所谓芳香疗法就是让精油得到体内吸收的方法,包括香薰、冷敷、热敷、吸入、芳香浴、饮用等。作为精油疗法,芳香对生理和心理产生的良好效果也是自古就与生活密切关联的,并一直得到传承和应用。在欧洲,精油就好比中国人家里的常备中药,人们积累了许多使用经验。有些国家甚至把精油规定为处方药,需要有医师执业资格方可处方。尽管医学证明和近代研究还不够充分,但精油的效果确实受到了关注,也值得和必须深入研究。

根据日本香味期刊社出版、和田昌士和山崎邦郎编著的《香味与医学·行动遗传》,月季芳香主要用于处方药的抗镇静剂、消炎药、防腐药、消毒药、镇痛药、壮阳药、收敛药、胆汁分泌药、净化剂、痛经药、肝脏药、症状缓和药、镇静剂、脾脏药、健胃药、强壮剂、子宫药,适用于胆囊炎、结核、便秘、抑郁症、忧郁症、无感症、头痛、肝脏瘀血、阳痿、失眠、月经不调、恶心、呕吐、消化不良、神经紧张、结膜炎、不孕症、子宫障碍。

　　芳香是物质，它不仅能发出通过嗅觉到达脑神经系统的电子信号，还能通过皮肤、嗅觉、消化系统进入血液，所以，从植物中萃取的精油并非完全源于植物就百分之百安全。在欧洲精油可作为西医处方药口服，但在日本则不推荐精油口服。进入消化系统的精油作用大，必须在科学确认安全的前提下使用。精油原液不能直接使用，必须用调和油等按安全比例稀释后方可用于涂抹、沐浴、香薰等。一般以为，服用和涂抹精油可能伴随副作用，但芳香植物的闻香则没有副作用风险，这是错误的认识。日本公益法人芳疗环境协会规定的精油使用安全浓度为1%以下，1滴精油为0.05ml。

　　月季精油毒性最低，有饮食内服和通过按摩和涂抹摄取，还有芳香浴和薰香等各种吸收方法，特别在妇科、荷尔蒙相关女性病和美容方面都有较好效果。所以，月季芳香特别得到女性的喜爱。

　　气味的发生原因各种各样，原因之一是饮食生活。吃下的东西在肠道内通过常在菌的作用得到分解，变成气味成分。这些成分基本都可以无臭化排出，但剩下的气味就会在体内循环，最后释放出来就形成了口臭、体臭（汗）。并非所有食物都产生气味，肉食等动物蛋白质和脂肪容易产生臭气，蔬菜和谷物则很少产生气味。以谷物为主食的中餐和日餐等不易产生气味，某些食材还具有消臭作用，所以中国人体臭最弱，肉食为主则体臭偏重。如果感觉有口臭、体臭等，首先要调整饮食生活。

　　芳香不仅能通过喷香、薰香等外在形式带来快乐，让身体散发香气也是可能的，月季芳香效果明显，可以起到让人放松等体内维护作用。

　　从月季花瓣中萃取的精油叫玫瑰精油，用于香水和芳香疗法、营养药等。玫瑰精油内含橙花醇、香茅醇、香叶醇等300种芳香成分，其中特别著名的芳香成分是香叶醇。香叶醇是从天竺葵的花朵中发现的，在玫瑰和马丁香（Palmarosa）中也含量较高。

摄取包含芳香成分的食品可让口腔和肠道吸收芳香物质，进而通过汗腺释放出来，让身体散发香气。

在玫瑰精油的研究活动中，人们对摄取玫瑰精油后皮肤散发的香气进行了测量，玫瑰精油富含芳香成分，对皮肤散发香气的测量也确认了芳香成分的释放。摄取玫瑰精油后，从皮肤释放的芳香成分量在 30 ～ 60 分钟时最大，一直持续到 180 分钟后。如果想体验芳香的释放，可以在体验前 30 ～ 60 分钟内食用玫瑰精油产品，效果最为明显。

人体从内部美丽和健康了，外部才会表现出生机和魅力。

我们在日常生活中时刻被芳香包围。据说，人能分辨的香气有 2000 种，而科学分析发现有 40 万种以上。植物学家林奈采用性质分类法将气味分成 7 类：

1. 芳香：月桂和加热后的香气

2. 悦香：百合和月季、瑞香等香味好的花卉香气

3. 烈香：以想象为主的高贵香气

4. 葱香：葱、韭菜、大蒜等刺激鼻腔的气味

5. 动物臭：尿味和山羊、狐狸等的气味

6. 厌臭：任谁都会产生不快感的气味

7. 恶臭：好像肉腐烂的那种让人作呕的气味

对气味可以进行客观分类，但是，自己认为香气好，别人并不一定感觉相同。对香气的感觉因人而异，比如上述的悦香为香味好的花香，但也不是所有人都喜欢。谁都想让自己喜欢的人留在身边，对香气也一样，谁都想留住自己喜欢的芳香。

在漫长的芳香历史中，为迎合人的嗜好，让人能更方便地乐享芳香，让芳香可以贴身，于是产生了香水、化妆品、芳香器等各种形式的产品，其使用方法也积累为技术。

对人的第一印象是产生在见面后 3 分钟之内，且 90% 源于外表。所以，人的清洁等外表因素非常重要，而香气其实也是外表的一部分。

香水按浓度分为 4 种：

浓缩香水（Parfum）：浓度 15%～20%，可持续 7 小时，使用昂贵香料制成，芳香完成度高。

香水（Eau de Parfum）：浓度 10%～15%，可持续 5 小时，不如浓缩香水浓厚，容易使用。

淡香水（Eau de Toilette）：浓度 5%～10%，可持续 3～4 小时，香气轻柔，适合初用者。

古龙水（Eau de Cologne）：浓度 2～5%，可持续 1～2 小时，适合日常生活和体育运动时使用，香气清爽。

知道香水应点在什么部位吗？

一般都知道有耳后部，香水首先是愉悦自己，耳后部离鼻子近，自己可以近距离闻到香气，但要注意用量不宜过多。耳后部体温高，最有芳香效果。因为离脸近，也是最容易让别人感受到香气的部位。再就是颈后，长发对紫外线有遮挡作用，可放心使用。头发也是适宜用香水的，先把香水喷在手指上，然后用手指梳头发，头发可让芳香蔓延。香水用在手上的时候要喷在体温高的手心，臂肘内侧和手腕也是适于用香水的部位。如果想让芳香透过衣服散发出来，可以将香水用在腰部。大腿也是体温高的部位，芳香散发效果好。芳香是从下向上飘散，为提高芳香效果，可将香水点在大腿部。膝盖内侧静脉上方附近也是香水芳香效果较好的部位。把香水用在脚腕跟腱内侧可边走边散发芳香。

和田昌士 1969 年毕业于顺天堂大学，1978 年担任劳动福利事业团所属东京劳灾医院耳鼻喉科主任，1993 年担任国立精神神经中心（国府台医院）耳鼻喉科主任医师，是日本听觉医学会评议员、日本劳灾医学会评议员、美国耳鼻喉科学会特别委员，1992 年出任国际神经医学会组织委员日本代表，1994 年出任国际听觉耳科学会组织委员。

山崎邦郎 1960 年毕业于东京都立大学理学生物系，同年进入东京都立同位素综合研究所。1970 年在东京大学理学部放射线生物学教室取得理学博士，1974 年开始在美国最大的肿瘤医院"纪念斯隆－凯特琳癌症中心"（Memorial Sloan Kettering Cancer Center）做客座研究员，1976 年出任室长，1990 年成为美国宾夕法尼亚大学莫奈尔化学感觉中心（Monell Chemical Senses Center）教授。

五、生活中的月季芳香

坐落于月季园中的养老院在世界各地都很多见，因为月季不仅花美，还具有芳香性，最适用于营造休养环境。

20 年前，笔者夫人走访新西兰时给她留下深刻印象的居然是一个月季园，那里就是一个养老院，护士推着坐在轮椅中的老人走过绿色草坪和月季隧道的情景今天说起来仍然记忆犹新。

几年前，日本新潟月季协会石川直树会长曾介绍一位东京的月季夫人到北京和上海走访中国的月季园。她喜欢中国月季，希望在中国找到芳香中国月季品种，以充实她在东京养老院内亲手种植和管理的芳香月季园。遗憾的是，中国学者手中可能有中国月季，但大街和公园等公共场合却难以看到，因为中国月季品种在中国普遍被认为没有观赏价值。

后来到东京笔者去参观了东京月季夫人的芳香月季园。夫人家住东京享有百年历史的养老院附近，十几年前开始在养老院的中庭栽植芳香月季。起初是她带孩子到养老院散步，发现大草坪无花，感觉有些冷清。因为自己家里的庭院种了很多月季，就作为志愿者把自家月季移栽到养老院。

种月季首先需要把土做好，土是月季的母亲。挖一个 50cm 的坑，要用 10L 有机肥拌合后再种。之后两年内不能缺水，还要给肥，再加上病虫害的防治，从种到养全是夫人自己出钱、出力。有时出门不能到养老院去浇水，也出现过月季枯死的情况，夫人觉得实在对不起月季，就加倍投入精力和时间。夫人说，每年月季能开 4 次花，这在所有植物中是非常罕见的，不愧为花中之王。

月季虽"能吃能喝"，但却用加倍的开花来报答，为人们带来健康、快乐和幸福。特别是芳香月季，其香气对女性有延缓衰老的作用，对精神疾患者有治疗作用。月季芳香活跃激素，所以，促进新陈代谢、美容、缓解精神压力等都成为夫人在养老院种植和管理芳香月季的理由。

西餐吃的是气氛，而非味道，佛的存在多半在心里，月季的魅力也是一半在梦中，月季形象的一半是看不到的芳香。当春天来临，空气日渐和暖，视觉中的明快色彩会让你仿佛感觉到空气中充满了香气。看到花的形象，会感觉与其香气般配绝伦。花色有形象，与芳香配合则形成个性，并作为香味形象鲜明地铭刻到记忆和意识中。待有朝一日，芳香唤醒记忆。

当你闻到一种香气，有时觉得熟悉，好像在哪里闻过，这就是所谓的芳香唤醒记忆。闻到月季香的时候会感觉有什么想不起来，动摇，不安，这就是芳香世界中著名的所谓"普鲁斯特现象"，时隔很久之后因香气和味道唤起了过去的记忆和感情。

"普鲁斯特现象"一词源于 19 世纪法国作家马塞尔·普鲁斯特（Marcel Proust，1871 － 1922）撰写的世界最长小说《追忆似水年华》（À la recherche du temps perdu），也译作《追寻逝去的时光》或《往事追迹录》。小说内容是主人公回忆儿时的家人和所见所闻。想起儿时的事情是在将玛德莲小蛋糕弄碎泡到红茶里的瞬间，他朦胧地想起了一部分过去的事情，然后再把蛋糕渣放入菩提茶中，一下想起了街坊邻里的所有人和事。

去过法国的人一定记得，行道树都是菩提树（*Tilia miqueliana*，南京椴），开花的初夏会满街甜香飘逸。松糕是母亲在厨房烤面包味道的记忆，菩提树是街道的记忆。在法国，"普鲁斯特效应"也被称作松糕普鲁斯特（La Madeleine de Proust）。

有种月季叫'叠香'（'Kaorikazari'），看到它的芳香分析数据时有人疑问说，怎么果香成分只有30%，闻起来却感觉果香更浓郁啊。'叠香'是有南国水果味的强香月季品种，培育者国枝启司形容它的香气是"想吃的水果香"，每个人闻到的都是强烈的水果香。然而，芳香分析数据却显示，'叠香'包含40% 大马士革香，30%水果香，20% 以上的茶味紫罗兰香。其实，芳香不是强弱，而是质量。用蓬田胜之先生的话说，茶香成分衬托了大马士革香和水果香。也就是说，是茶香成分让人闻到了比科学数据显示程度更为浓郁的果香。有个专业术语叫"感觉阈限（Sensory threshold）"，说的就是这种现象，少量却感觉强烈的芳香。

让人感觉浓郁果香的推手是紫罗兰酮，散发香菫菜（sweet violet）的香味，有时也称作是紫花地丁（*philippica*）的香气，是一种有扩散性的芳香，桂花中也有。

'叠香'月季有时芳香浓起，有时又神不知鬼不觉地消失，正如花名所述，花香此起彼伏。花色在橘色与粉色之间彷徨，特别与芳香形象吻合。所以当问到月季创作理念时，国枝启司先生说，"花色与花香各半"。也就是说，月季的形象是花色和花香的合奏，月季的一半魅力是在梦想中实现。

茶香成分存在于中国月季之中，世界都在关注各种茶香芳香产品的发展，期待月季故乡的中国能够在世界芳香舞台再现奇迹。

说花香是最好的能量充电，一点不夸张，芳香可以成为今天的积极理由。

参考文献

1. 美国月季协会国际月季品种登录局Modern Roses XII[M]. 2013年.

2. 查尔斯＆布丽吉德·奎斯特·瑞森（Charles＆Brigid Quest-Ritson）.RHS Encyclopedia of Roses[M]. 伦敦：多林金德斯利（Dorling Kindersley），2011.

3. 日本月季文化研究所野村和子监修オールド・ローズ花図鑑[M].东京：小学馆，2004.

4. 蓬田胜之薔薇のパルフアム[M].东京：求龙堂，2009.

5. 和田昌士＆山崎邦郎においと医学・行動遺伝[M].日本香味期刊社，2004.

6. 中国大百科全书（第一版），北京：中国大百科全书出版社，1993.

7. 吴茂一ギリシア神話[M].东京：日本新潮社，1979.

8. 皮埃尔·约瑟夫·雷杜德（Pierre-Joseph Redouté）.月季图谱（Les Roses）[M].东京：日本河出书房新社，2008.